サルの社会とヒトの社会

子殺しを防ぐ社会構造

島 泰三［著］

大修館書店

はじめに

今年（二〇〇四年）三月四日、岡山県臥牛山猿見谷の陽だまりの藪の中で、木陰からこちらを窺っている若いサルを見ていた。斜面の下に見える餌場では、ボスザル第一位のキンが元気だった。彼が最初にボスザル列伝に記録されたのは一九七一年だから、その時五歳だったとしても現在三八歳になり、これまでのニホンザル最高年齢三六歳をすでに越している。歩き方はよろよろしていても、彼の顔にはやはり風格がある。しかし、私は餌場にいられず、山の中に入ってサルを見るほうを選んだ。

餌場にいると恥ずかしいのだ。人に餌をねだるサルたちの姿は見たくない。彼らは野生でこそ輝く生き物であり、それを研究のためと称して餌づけした「日本サル社会学」の手法は、私には結局受け入れられないものだった。

生涯にわたってサルの研究をしていながら、その社会についてまとめることには非常に強い抵抗があった。それは、サルの社会について語ろうとすれば、今西錦司（一九〇二―一九九二）によって創設された「日本サル社会学」と呼ばれる特殊なサル学の伝統に触れないわけにはいかないからだった。そこには、ニホンザルの「同心円二重構造論」があり、「カルチュア（文化）論」があり、「人間社会起原論」があった。私はそのどれにもまったく納得できず、強い違和感を持ち続けていた。

しかし、それから三五年の後にサルとヒトの社会論をとりまとめながら、私の気持ちは次第に変わってきた。今なら今西さんを理解できるのではないか、と感じ始めた。

その同じ三月に、京都の河井寛次郎記念館を訪れた。案内してくれた書家の荒川玄二郎さんは常に海を好む同郷の方で、河井寛次郎（一八九〇―一九六六）という陶芸の天才について肌にしみとおるような説明をしてくれた。

「河井寛次郎という人は、晩年になると自分で自分の作品に泥をぬって姿をくらますようなところがあった。私の半生の仕事は、その泥をぬぐい落とすことでした。命がけだった」

と。

その説明を聞きながら、突然私には今西さんが重なって見えた。樺太をさまよい、大興安嶺に分け入った戦前からの探検家今西錦司は、戦後「嘲けることをやめよ、サルの研究といえども、いまに一人前の学問にしてみせるぞ」（今西、一九七一）と意気込んでいた。

しかし、彼らの活動拠点が民間の財団法人日本モンキーセンターから京都大学霊長類研究所というアカデミズムの本拠に移ったとき、今西さんはすでに退官する年齢だった。そして、確立したアカデミズムの中に彼が見たのは、探検家とは別の人々だった。

「道を誤ったのかもしれない。自然の中に、動物の中に、沈潜する生活と、体制の中の研究所生活とは、やはり、両立しがたいのかもしれない」(今西、同上)

と彼は長いため息をついていた。

私は、三〇歳で財団法人日本野生生物研究センターを設立したとき、今西を超えたと思った。彼は私鉄資本をバックにしたが、こちらは徒手空拳だった。だが、超えたはずのその財団からは国立研究機関への道が見えるどころではなく、研究に志せば自らおん出る以外に道はなかった。しかし、人生の暮れ方にたって越し方を見れば、すべてはそう変らない。ただ、成したことだけが残っている。

荒川さんは「この世」と「あの世」との外にある「その世」について語ってくれた。「この世」のことは、毎日の生活が決める。仕事、金、地位、名誉、組織、友人、親、親族、連れ合い、子供、孫がすべてである。だが、それらのことはすぐに過ぎてしまう。すべての人は「この世」のなりわいをゆき過ぎて「あの世」へ旅立つ。しかし、そのふたつの世の外に「その世」が厳然としてある。そこでは、「この世」の評価は意味がない。人の作品群は、「この世」の栄誉から超然とした「その世」の厳格な「時」の評価によって、残るものは残り、消えるものは消える。

河井寛次郎の作品群を見て今西錦司を思ったのは、それだった。彼らは明らかにそのことを知っていた。こぎれいにまとめてもダメ。人目を驚かす大作を作っても無駄。評論家の絶賛を受けても無理。「その世」に残る作品群の列に入るのは、あらゆる夾雑物を洗い流してしまう「時」という大河の研磨機である。

そのことを「ああ、なるほど」と思ったとき、私は今西さんにはじめてまともに向かいあった気がした。今西さんの理論の多くは矛盾の塊であり、サルについての思弁はほとんどが当たっていない。しかし、それでも彼の作品群は残るものだと、私は思う。多くの錯誤の中で、今西さんは「餌場サル社会学」の対極にあって巍然と立ち、輝いているからである。

そこまで思い至って、ようやくサルの社会についてまとめることができるようになった。私が動物園や餌場にいるサルたちを見たくないのは、しょうがないことだった。

餌づけや実験室では、完全に見えなくなってしまうものがある。「サルの社会」は「サルの生態」以上に「野生のサル」にこだわらなければ見えない。「野生」は人間性と対極にある。人間を理解しようとすれば、「野生とは何か?」を突きつめねばならない。こうして、「野生」にこだわってきた結果は、人間性について意外なアプローチを開くことになった。

サルたちは例外的条件の下で「子殺し」をするが、ヒトは日常的に「わが子殺し」をする。

猿見谷の陽だまりの茂みの中にいて、餌場を見晴らしていると白いものが飛ぶ。ほこりのように見えたのは、晴れた空に舞う風花だった。遅い雪が狭い谷間の木立に斜めの線描を与え、見上げる青空に雲が押し寄せてきた。そろそろこの心地よい南斜面の藪の中から引き上げる潮時である。

目次

目　次

サルの社会とヒトの社会

―子殺しを防ぐ社会構造―

その一　あるオスの追放―タイゾウの物語

一九七一年春、初めて訪れた房総丘陵高宕山でニホンザルの野生群に感激してサルの野外研究を始め、一九八〇年からは食害調査にとりくんだ。みなしごのコザルのタイゾウを育て、タイゾウを連れてサルの群に入って私の見たものは……。

房総丘陵の春――ニホンザル研究のきっかけ

「君、高宕山《たかごやま》でニホンザルの調査をやってみないか？」。

西田利貞さん（当時東京大学人類学教室助手、のちに京都大学教授、国際霊長類学会会長）が、一九七〇年当時、目的を失って漂っていた学生の私を上手に誘ってくれた。

「今までのサルの研究は、餌づけ中心だった。僕もチンパンジーを餌づけしたけどな。しかし、ほんとうに野生のニホンザルを追跡して研究することは、まだ誰もやっていない。君、それをやらないか？」。

サルが森の中を走る速さの形容は「猿《ましら》のごとく」であり、それほど敏捷な動物を追跡して見せるのは、男子の本懐ではないかというような提案だった。食費が出るというので、私は誘いに乗った。

房総半島の中央部にある高宕山とその周辺の山々は、標高三〇〇メートルほどの里山だが、川に浸食された砂岩の岩肌は険しい崖となっていて、一歩入ると深山の風貌もあり、その山中をサルの気配に耳を澄ませ、目をこらし、神経を研ぎ澄まして歩くことには、いい知れない喜びがあった。

翌年三月、急斜面の木々の新緑をつきぬけて、雪崩をうつように飛び降りてゆくサルたちを見たとき、私はシーボルトがニホンザルを「森の妖精」と呼んだ意味を理解した。冬を越したサルの毛

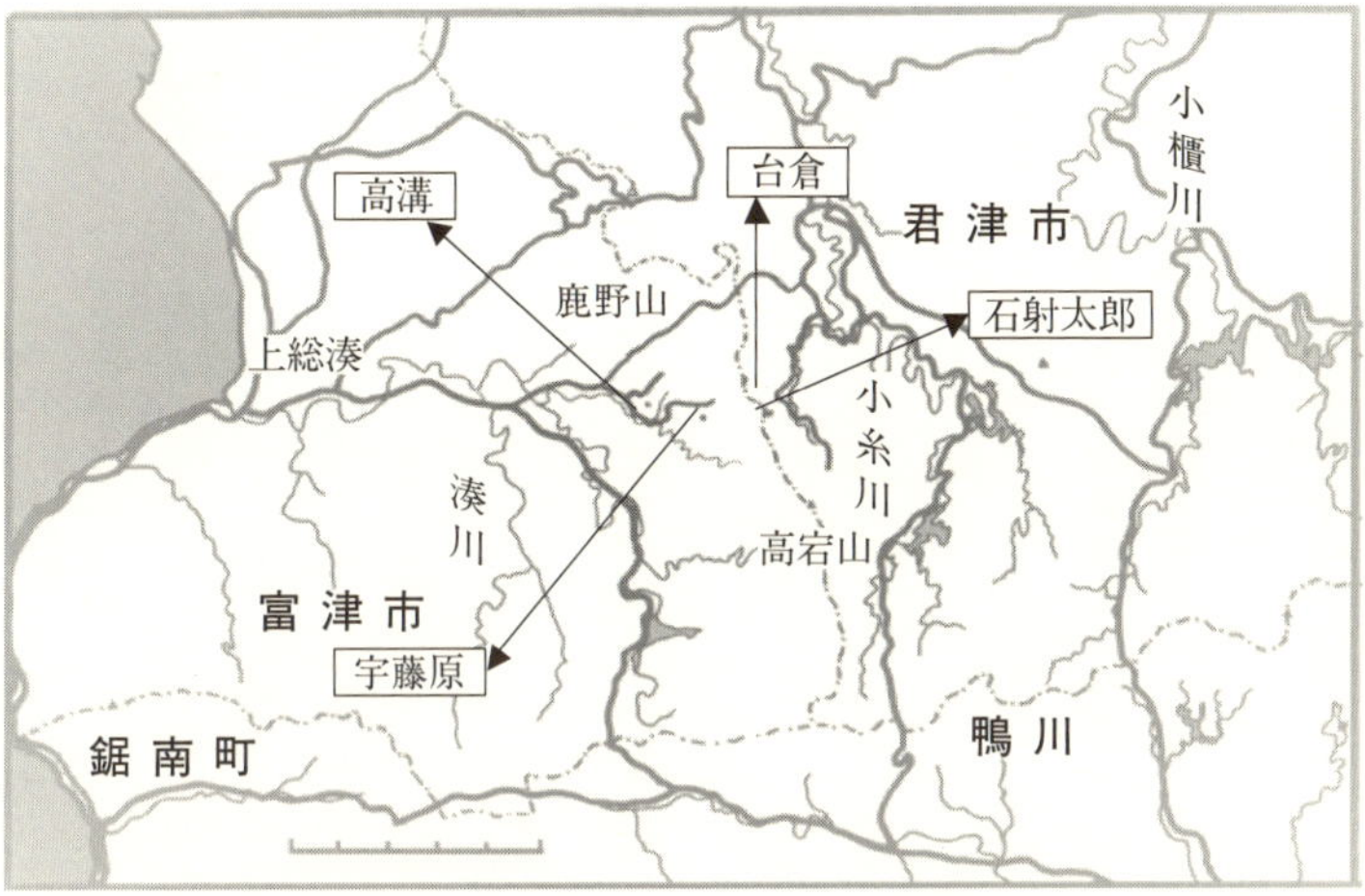

図①　石射太郎と高宕山の周辺
太い実線は道路、細い実線は川、一点鎖線は市町村境界を示す。川の上流の水域は、ダムである。

図②　君津市台倉の農家を借りて住みついた。

は陽光を受けて輝き、無尽蔵の新芽や花を満喫したサルの動きは、生命の喜びとはこんなものだというように生き生きとしていた。

はじめは石射太郎《いしいたろう》という、高宕山を見晴らす崖の上の餌場の小屋に間借りし、それが台風で吹き飛ばされてからは崖下の石切跡の洞窟に隠れ、やがて麓の農家の納屋を借り、ついに尾根の上にあった農家（君津市台倉）を借りて「房総自然博物館」と称して住みつき、房総半島の里山でサルたちと森を歩くことが日課になった。

タイゾウとの出会い―みなしごのニホンザルを育てる

一九八〇年からは、高宕山のサルたちが引き起こす農作物被害を防ぐ事業を文化庁に頼まれ、私はその調査団の責任者として高宕山に腰を据えることになった。高宕山一帯は、君津市と富津市の市境で、両市にまたがってニホンザルの生息地が天然記念物指定地域となっていた。天然記念物調査団の基地として村（富津市宇藤原《うとうばら》）のはずれの一軒家を借りた。

その年の春、富津市高溝で捕獲されたサルたちを解放するために私たちは出かけ、捕獲用の檻の中で泥まみれになったサルの赤ん坊を見つけた。その赤ん坊はその日に産み落とされたようで、生き延びるとは思えなかったが、ともかく市原市姉ケ崎の動物病院に連れて行った。この赤ん坊の最初のフンは、真っ黒な泥だった。

この赤ん坊は幸運だった。最初の危機を保育器の中で乗り切り、そのあとは、獣医の東英生《ひがしひでお》さんがこのサルを懐に入れて育てた。彼は、懐のなかでサルが小便をしようが、フンをしようが、「あっ、またやった」というだけで受け入れられる鷹揚な人だった。東さんを親がわりにして、この赤ん坊のサルは生き延びた。


これが、私たちとタイゾウとの出会いだった。

天然記念物調査団の面々は赤ん坊のサルにこういう呼び名をつけて、呼びすてにすることで調査団責任者への憂さ晴らしをしようと考えたわけで、むろん私は猛反対した。しかし、呼び名はすぐに定着し、私にできるのは作業日誌にこの赤ん坊の名前を漢字で書くことを禁じることくらいだった。

私たちははじめからこの赤ん坊のサルを野生に戻すつもりだったから、できるだけ群の中に放しては、タイゾウを連れて行ってくれる適当なメスを探していた。しかし、タイゾウは私たちから離れようとはしなかったし、赤ん坊を育てようという奇特なメスザルも現れなかった。

赤ん坊を連れて歩くとサルの社会が見えてくる

そこで、一年間だけ私たちが面倒を見て、その後はタイゾウを群の中に置き去りにしようと考え、できるだけ彼が群のサルたちと顔見知りになるように、山中をいっしょに連れ歩いた。

彼を連れてサルの群を追跡すると、サルたちの対応がまったく変わった。群の中心部、赤ん坊とメスのグループの中に近づくことがずっと楽になった。赤ん坊のサルを連れた私たちは、サルの群からも仲間として認められたのだろう。

サルの群の中に入れるようになったことで、私たちはボスザルと呼ばれるオトナのオスについて、いくつかの新しい知見を得ることができた。群が休んでいるときには、第一位のボスと第二位のボスとはお互いに見通し距離にいて、第三位のボスとともに赤ん坊たちを取りまいていた。林の中は見通しがよくないので、ボスの相互の距離は二〇メートルと離れることはなかった。

赤ん坊たちが群れて遊んでいる場所からあたりを透かしてみると、木の幹の陰や葉群の向こうに、ボスたちの姿を必ず見つけることができるようになった。ボスたちがこれほどに赤ん坊の動向を常時注目していることは、驚くような新しい発見だった。

ボスザルたちの監視網の中で、母親やその娘たちはくつろいでグルーミング（毛づくろい）をし合い、赤ん坊たちは母親から少し離れて、三頭、四頭、五頭とグループでもつれ合いながら、飛び降りたり、跳ねたり、ぶらさがったり、たがいに抱き合ったり、追いかけあったりして休息のひとときを過ごしていた。

私たちは、その集まりのごく近くで、タイゾウを放し、赤ん坊たちのグループに入るようにしたのだが、一歳を過ぎるまで、彼は決して私たちから離れようとしなかった（図③）。

そして、一年が経った。母親といっしょに生まれた年の冬を過ごすことができなかったみなしご

図③　著者とタイゾウ。タイゾウは恐がっている。撮影＝吉田勝美。

たちは、高宕山では九頭中七頭までが死んでいる(Hiraiwa, 1981)。しかし、生後一年を過ぎると、サルは自分で生活できるようになる。

この一歳の春（一九八一年）から、タイゾウの野生化実験が始まった。タイゾウが木の上で遊び始めた油断をみすまして、走って逃げ、十分も走って息を切らせ、「ここまで来ればもう追いつけないだろう」と話していると、タイゾウは頭の上に来て、私たちを見下ろしていた。タイゾウはここではぐれたら死んでしまうという勢いで私たちを追いかけ、走って逃げる私たちに追いついてしまうのだった。

その年の六月からは策をめぐらせた。まず、私たちは山道を全速力で走り、曲がりかどで藪の中に入って隠れた。一歳のコザルはいなくなった私たちを追って、夢中で山道を駆けてきた。しかし、私たちの姿が見つからないので、「キーキー」と泣きながらまたもとの方向へ戻っていく。私たちは藪の陰からその姿を見ながら、タイゾウの将来にとっていいことをしているのだと、心に言い聞かせていた。

しかし、その日の夕方、山を回って帰ってきた私たちを迎えたのは、タイゾウを連れた隣家の嶋野さんの美樹ちゃんだった。彼女はその頃三歳で、「大きくなったらタイゾウと結婚する」と言うほどの仲良しだった。

タイゾウはとっくの昔に調査基地に帰りつき、隣家の畑の野菜を食べたり、盆栽をひっくりかえしたりの悪さを重ねたあげく、美樹ちゃんといっしょに基地前の大きな檻に入ったところで捕まえられたのである。


こうして、タイゾウを野生に戻すには、死ぬかもしれないけれど、これまでタイゾウが行ったことのない山の奥の奥に置き去りにして、戻れないようにするしかなかった。

一九八一年七月三日

タイゾウを調査基地から二キロメートル離れた高宕山の山頂近くに連れてゆき、夕暮れを待った。サルは夜間は動けないから、私たちを追うことはできない。暗闇の中で私たちを探して泣いているタイゾウを置いて山道を戻りながら、これでタイゾウはもう戻ることはない、もう会うこともないと、私たちは思った。

翌日、雨の中、私たちはサルの群を追いかけて高宕山を見晴らす石射太郎の崖の上にいた。サルの群が移動したあとに、崖の林の中に何かの気配がしたことを、私は覚えている。

「1416（一四時一六分）　タイゾウあらわれ、Sの肩に乗る」と、フィールドノートには記録している。後に東さんと結婚することになる女子学生の肩を、タイゾウは帰ってきた最初のとまり場所に選んだ。彼は山中で一晩を過ごして、午前中かけて歩き、昼すぎになって、ついになじみのある場所に帰ってきたのだった。

タイゾウの野生化実験は、こうして中断された。もっと遠くへ捨ててくるという方策もあったが、ここまでなつかれてはと反対する者が多かった。隣家の嶋野さんでも、美樹ちゃんとおばあさんが、私たちが留守の間はタイゾウの面倒を見ようと言ってくれた。

この年、私たちはタイゾウと庭の夏ミカンを分け合って食べ、食卓のまわりでいたずらをして回るタイゾウにスリッパを見せて遊んだ。どういうわけかスリッパはタイゾウの弱点で、それを見せるとすくんで動けなくなるのだった。

「どのサルもタイゾウみたいだったら、水田のまわりにスリッパを並べておけばいいから、被害防止も楽だねえ」と、私たちは言い合った。

タイゾウの将来に何が待っているのかは、誰も予想していなかった。ただ、コザルと暮す珍しい経験がいっぱいの、楽しい日々がそのままいつまでも続いていくと思っていた。

「楽しいことばかりじゃないよ。タイゾウはお風呂に入れると気持ちがいいのか必ず脱糞するから、今も放り投げてきたところだよ」。

「えっ、また？　ほんとうにもう、フンは残っていませんよね？　タイゾウを入れるのは、終い風呂にしてくれって言ったのに」。

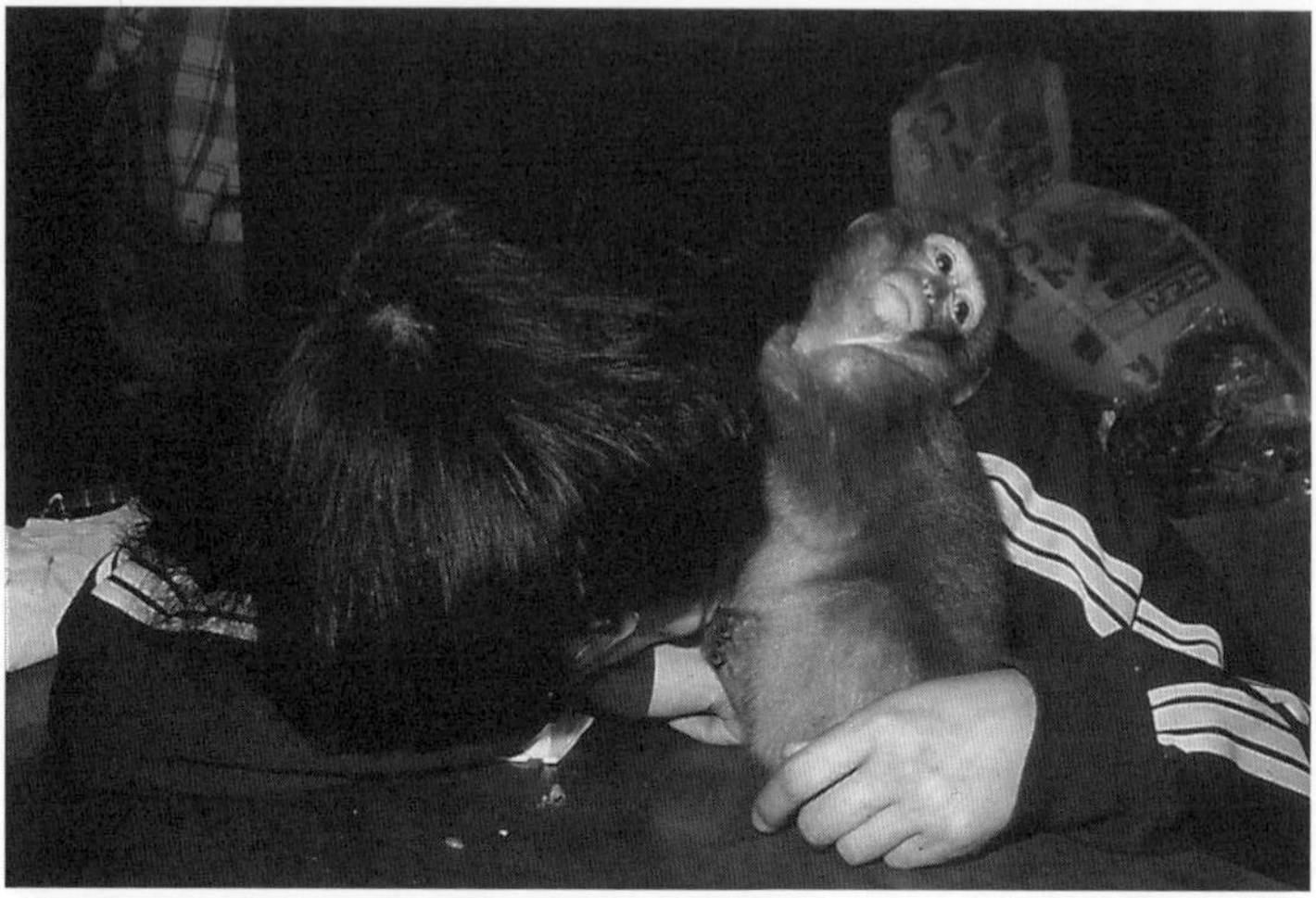

図④　うたた寝している調査員と遊ぶタイゾウ。

三歳の春に—オスの子供の成長にともなって

タイゾウが二歳の後半になった一九八二年の暮れに、事態は少し変わってきた。
この頃からタイゾウは私たちから少し離れるようになり、村近くで放すといたずらをするので、紐で腰をしばってその端を私たちが捕まえているようになった。赤ん坊たちは、つながれたタイゾウを面白がるように一メートル以内に近づいてきた。しかし、この時点ではタイゾウは赤ん坊には興味をしめさなかった。しかし、同じ年齢のコザルをタイゾウは、積極的に攻撃した。

一九八二年十二月七日

1410　タイゾウに二歳のコザル二頭が近づいてきた。タイゾウはこのうちの一頭に跳びつき、少し噛んだ。さらに、このコザルたちに跳びつき、馬乗りになった。タイゾウはまた突進し、二頭のコザルは逃げ出した。

一九八三年一月七日

1200　タイゾウ、母親についてきた二歳にとびかかり、追いかける。
タイゾウの攻撃は、まず同年齢のコザルに向けられていた。自分よりも大きな二歳のコザルにも馬乗りになったり、左手を相手の首にまいて噛みつくのが、彼の常套手段だった。彼の攻撃性は、同時に私たちの持っているものにも向けられ、鉛筆を奪って、たちまちがりがりとかじってダメにした。一緒に調査をした何人もの学生の鉛筆が、タイゾウの被害にあった。

一九八三年一月九日

この日、サルの群は、富津市宇藤原の南斜面の小尾根に泊まっていた。
0655　尾根に出てきた二歳三頭の一グループと赤ん坊連れのメスたちの三グループのうち、タイゾウは二歳グループの一頭にとびかかって遊んだ。
0758　タイゾウは赤ん坊と遊んでいた。タイゾウの周わりにあつまってきた赤ん坊は三頭となり、0810には六頭にもなった。タイゾウは二歳の子供に対しては噛むが、赤ん坊には遊んでやるという感じである。
タイゾウはアオキに登れば枝を折って落ち、ツルを伝って登ればツルが切れて頭から横倒しに墜落する。どうも木登りはうまくない。
0817　リサ（アカゲザルとの混血のメス）が赤ん坊をつれてきて、赤ん坊はタイゾウのところへ。

リサは私の上一メートルの木の枝で横たわり、バア（リサの母親の老メス）も来て、リサをグルーミングする。
0916　赤ん坊が木からおりようとするとタイゾウがとうせんぼをする。赤ん坊はなんとかタイゾウを避けて木の下に降りたが、タイゾウは残った一歳に嚙みつく。
タイゾウは一歳をいじめたうえで、もどって赤ん坊のそばにゆき、セルフグルーミング（ひとりで毛づくろいをする）。赤ん坊はそのまえに坐ってタイゾウを見ている。
1211　バアはリサを丁寧にグルーミング。すぐ下でも一頭の母親が赤ん坊をグルーミングしている。赤ん坊二頭がアオキの赤い実を食べていたタイゾウに近づくが、タイゾウは赤ん坊を避けて逃げる。
1258　リサたちはグルーミング中。近くにいた二歳のコザルが「ギーギー」と泣く。悪いのはタイゾウらしく、その母親らしい八二番のメスが、私の三〇センチのところまで近づいてくる（明らかな威嚇行動）。すぐそばで赤ん坊二頭がこちらを見ている。
メスに追われたタイゾウは私の肩の上に飛び乗り、メスの攻撃を避ける。ここで眼があうと危いので、私はメスを見なかった。メスは三呼吸ほどすぐそばにいて、去って行った。サルの呼吸が分かるほど近かった。メスが去ると、タイゾウはまた遊びに行く。
1300　リサたちメスのグループは、グルーミングを続けているが、タイゾウはそのグループの一員の二歳のコザルを追いかけている。彼はメスに追われても、まったくこりない。

今、こうしてフィールド・ノートを見なおすと、オスの子供の成長にともなうクリティカル・ポイントが近づいていたことが分かる。タイゾウの攻撃性が、群の中でメスたちの目にあまるようになっていた。

タイゾウはますます活発になり、コザルを追いかけては騒動の種子を撒いていった。群のメスたちは、タイゾウを受け入れたくないそぶりをあらわにし、美樹ちゃんは、タイゾウを捕まえるために檻の中に入ってタイゾウを呼ぶのをイヤだと言うようになった。

そして、五月一〇日の事件が起こった

宇藤原の北にある砂利取り場の崖の上での出来事だった。それは、この年はじめて、赤ん坊を抱えた母親を見た日でもあった。

「ネネ（オトナメスの名前）は草のシュート（長く伸びだした若い茎）を食べていて、生まれたばかりの赤ん坊を足で抑えていたが、そのうち赤ん坊が切り株の上を歩くのを許した。赤ん坊は切り株上に出た萌芽を噛もうとするがうまくいかない。ハイハイもまだだ。赤ん坊のしぐさがかわいい」。

午前七時一〇分に、ニセアカシアの花を食べていた群は、二〇分後に移動を始めた。

0732　オトナオス飛び降りて東へ。あとからコザル四頭が遊びながら行く。よく見ると、コザ

ルたちは一歳が二頭、タイゾウと二歳というグループである。
0746　三歳オスを含むオトナオスとオトナメスとの一六頭の集団にタイゾウが追われてきた。
0747　当初タイゾウを追うサルの勢いに驚き後退したが、盛り返しついに威圧する。

フィールドノートの記録はかんたんだが、実際はそうとうに大変な一分間だった。タイゾウはサルの大群に追われて、私に助けを求め、崖の上で坐って観察していた私の頭の後ろに跳びのって、しがみついた。

追いかけてきたサルたちは、私たちを取り囲むように二〜三メートル手前で並んだ。最初はメスが先頭にたっていたが、その間から大きなオトナオスが出てきて、ほとんど二メートルを切るところまで近づいた。その勢いに、最初は押されて、たじたじと数歩あとずさってしまったことは、情けないながら認めざるを得ない。タイゾウを追いかけてきたサルたちは、とにかくたいへんな勢いだったのである。

しかし、あとずさりながら、かくてはならじと気力をとりもどした。先頭に立っているボスザル第一位のフミオに話しかけた。恐れず、脅かさず、威厳を持って、平静にと心がける。

「おい、フミオ。お前とは、お前がボスになる前からの知り合いじゃないか？　これは、どういうことだ？」。

彼はこう話しかけられると、ちょっと横を向いた。この説得は効くと思ったので、つぎのオス、第二位のシゲキにも同じように話しかけた。彼もそっぽを向き、ちょっと下がった。

こうして何とか、包囲を解くことに成功し、サルたちは少しずつ引き下がった。しかし、私の頭の上で震えているコザルがいるものだから、包囲したサルの群の勢いが弱まることはなかった。

包囲網が少し広がっただけで、私たちとの間の緊張状態は続いた。二頭のボスザルを含む一〇頭以上のサルたちは、私の近くに坐り、つかの間の平和の破れ目が探されていた。

0800　ヒロコ（オトナメス）が私たちにつかつかと近づき、タイゾウを威嚇した。（たぶん、彼女の子供がタイゾウにいじめられでもしたのだろう。どうしても許せないという勢いだった。ヒロコは、向かって、「キィーア、キィーア」と大きな声で威嚇した）。

この瞬間、フミオがずいと出てきた。こういうオトナオスの現れかたはすごい。

図⑤　フミオ。撮影＝池田文隆。

0801　フミオ、一メートルに近づき、老メス後ろに回る。二〇頭近く再び集まり、私たちを脅す。

こうなると、どうしようもない。タイゾウという火種を抱えたままでは、サルを説得できないことを悟り、そこにあった木の枝を持って、追い払った。

私の剣幕に驚いて、サルたちが退散したので、私はまた観察を続けた。しかし、こんどは私からタイゾウがちょっと離れた隙に、彼が集中的に狙われた。
0806　群の中央に入り坐ったところ、タイゾウ追われ、谷へ逃げ込む。対岸にいた宮内君の下三〇メートルのところで見えなくなる。群も静かになる。
0937　四頭の一歳グループが私のそばに来て、タイゾウはいないのか、という顔をする。
1132　オトナオスと大きなサル北へ走ってゆく。下からオスがきてメスら左右にわかれる。明らかに、私をオスどもが威嚇している。なぜだ?
1138　新しいオスが来て、私を威嚇する。フミオは近々とやってきて、私が恐れているならやってやろうという表情である。私は新しいオスを脅してまわる。どうも群の真ん中に突っ込みすぎたことが原因らしいが、それにしてもあまり身動きのできない林の中だから、ややビビル。新しく群に入ったオスの攻撃性は非常に高いということか。
タイゾウは対岸に走って、宮内さん（調査団の一員）に保護されていたのだが、サルたちは、タイゾウの元凶は私だと知っていたらしい。その証拠が、その日一日続いた私への威嚇だった。しかし、その当時はそのことが分からなかったから、フィールド・ノートではひたすら不思議がっているのである。

こうして、タイゾウは生まれた群を追われた

二歳になったタイゾウの行動には、いくつかの特徴があった。二歳のコザルとの関係は敵対的だが、赤ん坊との関係は非常に微妙だった。赤ん坊とは遊んでやったり、ちょっと通せんぼをしてみたり、あるいは赤ん坊が近づくと逃げたり、またときには彼のまわりに赤ん坊が集まったりと、決して一定ではなかった。しかし、赤ん坊の後ろには、常にその母親とボスザルたちがいて、この様子を逐一観察していた。

群の中軸をつくるのは、この赤ん坊と母親とボスザルたちの集合であり、私たちは、タイゾウが赤ん坊の間はこの中心部分に自由に接近でき、それは、サルの群がついに人に慣れた証拠と思っていたが、そうではなかった。

タイゾウが大きくなったとき、彼は赤ん坊のそばにいても許される存在ではなくなっていた。他のサルの子供だったら、群の中から次第に外に出て行ってしまっていただろう。しかし、タイゾウは私たちといっしょだったから、結果としてサルの群の中心部にいてサルたちの攻撃を一身に受けることになった。

攻撃を受ける直前、タイゾウはまるで群の周辺のオスたちと同じような行動をしていたのだから、そのままオスたちのグループにいれば問題はなかったはずである。しかし、彼はまたいつもの

ように群の中心部、母親と赤ん坊の集まりの中へ戻った。それが、メスたちの総攻撃を招いたわけだ。

彼らには、私がタイゾウの背後にいることが分かっていたので、私ごと除こうと群の総力をあげて攻撃をかけてきたというのが実態だろう。それが、その日一日続いたオスたちの私への攻撃だった。

群全体がタイゾウを攻撃したこの日が、新しい赤ん坊が生まれたちょうどその日であったことは特徴的だった。守るべき赤ん坊の誕生にとって、三歳にもなった荒々しい若オスが群の中心部にいることは、もはや許されるべきではなかったのである。

しかし、若いメスの場合はまったく別で、常に母親といることができ、そう行動することが当然だった。だが、オスは違う。ニホンザルの社会では、オスは出て行くべき性である。

この年の三月、タイゾウは、腰の紐を忘れた調査員の隙を狙って脱走し、農家の二階に窓から入って、病気で寝ていた女の子を脅かすという事件を起こしていた。

さらに、翌年（一九八四年）には、生まれて以来世話をしてくれた嶋野さんのおばあさんを噛むという事件さえ起こし、私たちはやむなく彼を東大文学部心理学教室に入学させた。サルも人も、どうしようもない者は東大行きである。

オスは追放される

しかし、タイゾウのような例は、ニホンザルの若いオスのふつうの運命である。彼らは三歳ころからは生まれた群を離れる。

箱根のニホンザルを長年研究してきた福田史夫さんは、雑誌『にほんざる』の創刊（一九七四年）以来の仲間である。彼は一貫してニホンザルの個体の群間の移動に注目してきたが、後姿でサルを識別できる神業の持ち主でもある。もっともその神業は、サルを捕まえて一頭一頭の顔に刺青でマーキングし、識別を確実にするという地道な活動に支えられていて、とある餌場のサルの識別のように、管理人が「あれは誰それに似ている」とつぶやいた瞬間、その名前になるというようなものではない。

彼の識別の結果、実に面白いことが分かってきた。伊谷純一郎さん（一九二六—二〇〇一、京都大学名誉教授）が提唱した同心円構造論では、

「オスは、その成長とともに、群れの中心部から周縁部にはみ出し、さらに、ふたたびその身体的社会的な完成とともに、中心部にもどってくる。メスは中心部に生まれ、一生中心部を離れない。」（伊谷、一九五五、二六四頁）

とされていたが、福田さんの観察では、オスはどんどん群を離れて、他の群に入ってゆくことが分

かった。

「いなくなったオスの六割が二歳前のチビザルだった。残り四割のうちの六〇パーセント以上が、三、四歳で消えている。五歳を過ぎてから消えるゆっくりタイプはほんのわずかで、一番遅くまで居残っていた記録でも一〇歳が限度だった」（福田、一九九二、四一頁）。

つまり、ニホンザルの社会では、オスたちは一歳を越して自立できるとともに群を離れる。そして、生まれた群に戻ってくることはない。

ニホンザルの社会構造論として有名な「同心円構造」は、中心部にボスとメス、赤ん坊、周辺部に若いオスという輪を描いたもので、オスたちは一度その周辺部の外の輪に出て、それから内部にボスとして入ってくるという想定のもとに描かれていた。この同心円構造という類型的把握は、その後、河合雅雄さん（京都大学名誉教授）らにも引き継がれて、いろいろなバリエーションが描かれ、ニホンザルの社会構造として社会的に定着する（河合、一九六九）。

しかし、長期にオスザルたちの生活史を追跡した福田さんの観察結果は、一度群から出ていったオスたちは、生まれた群に帰ってくることはない、というものだった。これは伊谷さんの提唱した同心円構造とは、まったく異なる結論だった。

それは複数のサルの群が生活している自然環境で観察しているか（福田さんの場合も私たちの場合も一部の群は餌づけされてはいたが）、孤立した群を餌場で観察しているか、という観察条件の違いでもあった。

私たちは同心円構造が野生状態ではありようがないことを、観察のそもそもの最初から知っていた。なぜなら、一〇〇頭からなるニホンザルの群（房総丘陵では平均的なサイズ）では、オトナメスと赤ん坊たちのグループがその半数以上を占めており、若いメスとオトナオスを合わせると七〇頭以上となる。若いオスのグループは、せいぜい数頭、一〇頭以下の集まりにすぎず、中心部のメスたちの周りを取り囲む外周の輪にはなりようがなかった。

それを伊谷さんが知らないはずはないから、彼が若いオスたちを外周に置いて同心円と称したのは、オスの人生を描いた概念図なのだと考えたほうがいい。しかし、それがあたっていなかったことは、今見たとおりである。

最初期のニホンザル研究者が調査した、大分県高崎山や宮崎県幸島といった地域は、狭い孤立した場所で、そこにいるサルは一群が精いっぱいで、それも餌場で養うしか維持のしようもないサルたちだった。

高崎山を餌場からまっすぐに崖を登ると一時間足らずで山頂に達したことに私は驚き、さらに頂上の反対側には一面の果樹園が広がっていたことにさらに驚いた。

また、幸島までは泳いで渡ったが、これも申し分なく狭い島で、薮をまっすぐに抜ければ、半時間も歩かないうちに外海の浜辺を見ることができた。

そこにはたった一つのサルの群しかいないので、そこからニホンザルの社会構造を考えたときには、あるいは同心円構造のようなものを提案することになるのかもしれない。しかし、箱根の山や房総丘陵の山の中では、事態はまったく異なる。

サルの群は休息はまとまった場所でするし、寝場所もそんなに広く分散することはないが、移動しているときや食べているときは、ふつうに数百メートル離れてしまう。道路や耕作地を通過するときによく見られるのは、行列をつくって通りすぎるサルの群である。グループを作って通りすぎるのは、メスとその子供たちの集まりであり、そのそばにつきそっているオトナオスたちの姿である。若いオスたちは、群の周囲にいるか、近くにいる他の群に接近するか、というもっとずっと自由な、あるいは一定しない場所で活動している。

ニホンザルの社会構造として有名な同心円重構造は、オスの人生としてはありえない理想型であり、サルたちの野外生活の実際の空間構造としては実現できないものである。つまり、ニホンザルのオスの生涯を重ねあわせた社会構造としては、同心円構造は完全に崩れ去っている。しかし、このことはほとんど注目されなかったし、伊谷さんも箱根のサルのことは一切語らなかった。

若いオスたちは、ほとんど生まれた群を離れる。そして、群のまわりを歩いているヒトリザルと呼ばれるオトナオスと一時的なグループを作ったり、同じ年齢のグループを作ったりして、メスや赤ん坊たちの生活する場所よりも遥かに遠くまで行ってしまう。


調査基地への入口、富津市高溝の南畑（地名兼屋号）の酒屋で、仕事帰りの一杯をやっていた村人の話。

村人は私をいつも「センセイよう」と呼ぶ。「先生」と呼んでも、決して尊敬しているわけではないことが、この呼び方からも実によく分かる。

「よお、センセイよう、寄って行きなよ。面白れえ話があんだよ。

今朝のことだよ。サルがトラックの荷台から飛び出して、びっくりしたよ。ほら、あの上総《かずさ》湊《みなと》（村からは直線で五キロほど離れている）の交差点だよ。いや、俺の車じゃねえ。前にいたトラックの荷台からだよ。

そのトラックは材木を積んで走っていたっけが、交差点で止まったら、荷台からサルが飛び出しただよ。夜のうちに荷台で寝ちまってよ、気がついたら車が走っているものだから、サルも下りるに下りられなかったんだろう。ありゃ、サルの無賃乗車だな」。

こうして、若いオスたちは周辺へ、さらに遠くへと拡散し、幸運なものは自分が居着くことのできるサルの群を見つける。

その二　ニホンザルの社会—日本霊長類学の転換点に立って

ニホンザルの生態に肉薄するには、半飼育状態の餌場ではなく自然生態系の中で追跡調査をしなくてはならず、そのためには、野生のサルの行動圏内に寝泊りしなくてはならない。そんな修行のような調査を支えたのは、自分たちが日本霊長類学の転換点に立っているという自負があったからだ。そこで、私たちの見出したものは……。

自然生態系での観察—餌場サル学を越えるために

さて、誰もやっていない野生のサルを追跡するという試みはどうなったか？

これは、日本の霊長類学がそれまで餌場での観察に限られてきたことへの反省から始まっていた。西田さんは、餌場という半飼育状態でなく、自然生態系の中で野生動物を観察するという生態学の王道を、自分が初めて指導する東大の学生たちに示そうとしたのだった。助教授として生態人類学研究室を主催していた渡辺仁さんも西田さんの方針をバックアップし、高宕山は人類学教室の若い研究者たちが集るところになった。


追跡することになったＴⅠb群は、石射太郎の餌場に餌づけられたＴＩ群から分裂した群で、その行動域は石射太郎の岩崖から見わたすかぎりの南と西の山々で、高宕山の岩峰も含まれていた。

高宕山は山頂が標高三一五メートルの低い山だが、砂岩の基盤は雨水に浸食され、あちこちに急な崖があった。高宕山と石射太郎の周辺にはことに急な岩崖が続き、サルはその崖を好んで使っていた。

今となっては、ほとんど命知らずの無謀な試みだったと思うが、「毎日一回は冒険」と称して、手足だけを頼りにほとんど垂直の岩壁を登ったり下ったりして未知の斜面を這いずりまわった。実

図⑥　石射太郎の餌場から高宕山を望む。1972年冬。

際、それは歩くという状態からさえほど遠かった。野生のサルの群を追いかけながら、私たちはまったく新しい道を切り開いていたのだが、抽象的な「新しい道」だけでなく、現実の新しい山道であるところが、なんともいいようのない試みだった。

調査基地とした餌場は屋根上にあったので、水場は尾根を少し降りて岩を掘った穴のたまり水にすぎず、炊事にもかつかつで、もちろん風呂など考えることもできなかった。それでも私たちは意気軒昂で、野生のサルを追跡調査するためにはその群の行動圏の中に宿舎をもつ必要があり、決して山を降り人間世界から調査に通うようなことをしてはならないと誓っていた。

まあ、一種の修行というようなことだった。台風で餌場の小屋が吹き飛ばされると、崖下の石切り場跡の洞窟にベニヤ板を敷いて住んだ。そこへ空手修行の若者が清澄山から歩いてやってきて、いっしょに泊るということもやったから、外見も実質も修行だったかもしれない。

だが、野生のサルのデータを集めることは簡単ではなかった。

たとえば、一九七一年一月二九日のフィールド・ノートの記録は二三頁にすぎず、午後四時以降は一〇分おきにしかデータがなかった。

日没後五分ほどは観察できたが、そのあとはサルが見えなくなった。その上、帰り道は真っ暗な谷の中を手探りで一時間も歩かなくてはならなかった。それでもこの日は、サルの群れが高宕山の西斜面、湊川の源流近くの伐採跡の斜面からほとんど動かなかったから、よく見られたほうだった。数十メートル離れた向かいの斜面の木の間から、サルをチラチラ見るようなデータを蓄積して、なんらかの事実を確定するためには、果てしない作業が必要だった。


そして、実際に、この道は果てしない労苦の道だった。しかし、たとえそうであっても、餌場サル学を抜け出なければならなかった。私たちはそう心に決めていた。なぜか?

それは私たちがその時、日本の霊長類学の転換点に立っていると考えていたためだった。そして、実に好都合なことに、生態学の各分野の研究者たちが房総丘陵に集まっていた(その詳細は、巻末の「日本の霊長類学と私の道」でまとめて話すことにしよう)。

いずれにしても、いくらかの幸運に恵まれ、そうとうに大変な目にも会いながら、ニホンザルの群の中でサルを見ることができた。そのいくつかの観察例から、オスザルの生涯とその毎日の生活について抜書きしてみよう。

オスザルの生涯―オスは生まれた群を追われる運命にある

赤ん坊は花と新緑の春に生まれる

房総丘陵の春は、下向きにつつましく咲くマメザクラの薄い白い色から始まる。コナラのけばだった白茶の新芽から、みずみずしいクスノキの新緑と、マテバシイの金色の新葉まで、丘陵の春には花と新緑が波のように続けて押し寄せる。このめくるめく季節の中で、ニホンザルの赤ん坊が生まれる。

1657 今日生まれたばかりの赤ん坊だ。目は開いているものの見えないようで、母親は、ぶらぶらする赤ん坊の頭を手で押さえている（一九八八年四月二八日）。

ニホンザルの赤ん坊の成長は早い。生後一月もたたないうちに母親から離れて歩きだす。この頃の母親は赤ん坊から決して目を離さない。その日のフィールドノートには、以下の記録がある。

1520 生まれて一月もたたない赤ん坊オスが離れて、一歳のコザル二頭ののそばに歩いてゆくのを、母親のアリスが見つめている。赤ん坊は一歳に手をかけるが、一歳がいやがった。アリスはその一歳にとびかかる。

母親がそのコザルたちを追いかけている間、赤ん坊はしばらく一頭で残されたが、母親はすぐ戻り、赤ん坊を抱きあげ、連れてゆく（一九八八年四月二八日）。

1056　赤ん坊三頭（生後半年ほど）がかたまって枯れ松の上で遊んでいる。三頭がつながってい て、最後のオスは前の赤ん坊に腰を押しつけて、交尾のようなに前後させている。真ん中の一頭から落ちて下へ。一歳のコザルの跳ねるような敏捷さに比べると、赤ん坊の動きは緩慢だ（一九八三年一一月八日）。

ニホンザルの赤ん坊が、他の赤ん坊たちと遊ぶようになるのは、ごく早い時期である。房総丘陵では、生まれて二週目から七週目には赤ん坊同士の遊びが始まる（Hiraiwa, 1981）。

母親から離れて遊ぶようになった赤ん坊たちは、お互いに追いかけあい、ひっぱりあい、喧嘩をするようになる。ニホンザルの赤ん坊たちは集まって遊ぶが、人間の赤ん坊の場合は三歳までは同年齢のものには無関心で、大人への執着が非常に強い。ニホンザルは、この点では人間よりも集団的である。


オスは一歳を過ぎると同年齢グループで行動する

ニホンザルのオスたちは一歳を過ぎると、同じ年齢のものがまとまって、母親たちから離れて移動するようになる。この時、ボスザル第二位が彼らのそばにつく。このときのボスの様子はまるで幼稚園の先生のようで、移動しているときにはボス第二位の後ろに四、五頭のコザルたちが一列に並ぶことがある。

コザルたちは、新しく生まれた赤ん坊の扱い方を母親から学ぶ。先の例のように、攻撃したわけでも、いたずらをしたというわけでもなく、ただ赤ん坊が触ろうとするので「厭がった」というだけで母親から攻撃されるのだから、コザルたちは赤ん坊との関係に敏感にならざるを得ない。しかも、母ザルの背後にはボスザルたちがいて、オスのコザルたちが赤ん坊に手を出すことは絶対にできない。

メスのコザルが母親とべったりなのに比べて、オスたちは一歳から同年齢グループで行動する。彼らは第一に、群の核にいる赤ん坊への適切な対応行動を母親から学び、第二には、オトナオスやときに若いオスが加わった同年齢グループでのオスとしての社会行動を学んで行く。

オスは二歳以前に群から出てゆくようになるが、このときにも同年齢のグループでつちかった他のオスたちとの付き合い方が、役に立つようで、隣の群に入る前にはその群のオスグループと交流があるらしい。

思春期のオスは不安定だが群のために利他的行動もする

ニホンザルのメスは、四歳では最初の発情を迎え、早いものでは赤ん坊を産むことがあり、五歳になれば、りっぱにオトナのメスの仲間入りである。これに対して、オスは少し発育が遅れ、オスの五歳はオトナというには少し無理で、外見からオトナと見えるのは、体の大きさや睾丸の大きさなどが十分に発達する七歳以降である。

しかし、それでも五歳でボスザル順位を作ろうした地獄谷野猿公苑のケンたちのように（好広《よしひろ》・

常田《ときた》、一九七六)、例外的な条件の下では、この年齢でボスザルとして行動を始める。地獄谷のように強く餌づけられた群で、定住性が高く、母親が群の有力なメスで、その母親の庇護のある若いオスたちは群の中にい残ることができるようだ。そういう条件の下では五歳でもオトナオスのような行動をする。


三歳から六歳の若いオスたちは、グループを作り、あるいはオトナオスのヒトリザルといっしょに、群につかず離れず移動していることが多い。彼らは、ときに群を守る上で役に立つことがある。ニホンザルの最大の脅威であるイヌに対して、若いオスザルグループが行った欺瞞行動の典型的な例を以下に紹介しよう。それはTIb群が小糸川を横断して石射太郎の岩場に向かっているときのことだった(一九七一年一〇月一六日)。

石射太郎の小糸川斜面には林道があり、斜面を貫くトンネルがいくつかある。上流から下って二つのトンネルを抜けて、登山口そばのトンネルまで来たとき、サルの群の本隊は確かに石射太郎に登っていったと思えたが、サルとイヌの声がトンネルの反対側から聞こえた。トンネルを通りぬけて見ると、三頭のイヌが吠えたてているのはスギの林の中で、石射太郎への登山道とは反対の方向だった。

1215 イヌにサルが追われている。三頭以上のサルが木を跳び移りながら、斜面を上に行くが、イヌは先回りしている。サルたちは無理にスギの若い木の上を跳んでいる。跳びながら雑木林の中へ。追っているのは白イヌだ。

ここで、「無理に」という形容に注目されたい。フィールド・ノートに書いたその瞬間の印象である。サルは「ただ木の上を跳んでいるのではない」と私は見た。それには意味があった。サルは示威行動として「無理に」跳んで見せて、イヌの「落ちないかな」という期待を煽っていたのである。
1222　イヌは静かになり、スギのてっぺんにサルがじっと坐っている。黒いイヌが現れた。サルは急に動き始め、スギのてっぺんを跳ぶ。イヌは吠えたてる。
サルはスギの木でしばらく騒いでいたので、そのスギの木が孤立していて、サルが飛び移れないので、イヌたちが好機とばかりに騒いでいるだとばかり、私は思っていた。しかし、そうではなかった。
1226　再びサルが跳び始める。イヌが吠える。サルは跳びながら斜面の上にゆく。四頭のサルだ。
1236　一頭のサルは木の上をジャンプしながら、トンネルを南へ。
1238　尾根を越えて木の上をジャンプしながら、小糸川へ向かっている。
この騒動を起こしたサルはいずれも四、五歳のオスだったが、群の本隊と反対方向へイヌを誘導し、自分たちはイヌの降りられない崖に出て、イヌをまいてしまった。

若いオスたちは群から離脱する

群を離脱したサルがどこに行くのかについては、伊豆・箱根で調べた資料がある（福田、一九九二）。もっとも遠くまで行ったのは、箱根地域から六〇キロも離れた伊豆半島先端近くの西海岸の波勝崎で、三頭のオスたち、四歳二頭、六歳一頭が確認されている。彼らは箱根地域で見えなくなってから、一年半後に波勝崎で発見されている。

他方、隣の群に入るには、半年もかかっていない。

「近所の群に加わる場合、ワカオスたちは群れから離れる前に、何度か隣の群れのオスたちと一時的なグループをつくる。そうやって、たがいに顔見知りになってから本格的に移動するため、わりとスムーズに加入できるようだ」（福田、一九九二、四三頁）。

オトナのオスのさまざま

オトナのオスは、群の中にいるオスと群の外にいるオスとに分けることができる。さらに、群の中にいるオスには、赤ん坊を持った母親たちと常にいっしょにいるボスザルたちと、ただ追随しているオスとがいる。群の外にいるオトナオスは、ハナレザルともヒトリザルとも言うが、実際に一頭だけのものと、何頭かの若いオスザルたちといるものがいる。この群の外にいるオトナオスと群の中にいるオトナオスとの関係にも、対立から顔見知りまでさまざまな段階がある。

ボスザルの責務とは

1142　県道方向へ、地上を約二〇頭が歩いてゆく。さらに二頭。田を横切る一団を発見。オトナオスと母子、一歳、三歳、母子、二歳、母子、母子、三歳、母子、オトナメス二頭、母子、赤ん坊、三歳、オトナメスのミドリと赤ん坊、三歳、二歳（一九八二年一一月一一日）。

これほどの数の母子と一緒にいるのは、ボスザル第一位である。群のボスザルたちの位置は、このようにはっきりしている。

ボスザルには、赤ん坊の防衛責任があるが、赤ん坊の防衛だけではなく、群生活に伴うさまざまな責務がかかっている。

0525　二〇頭以上移動中だが、ボスザル第一位のフミオたちはじっと坐っている。フミオの後ろでスギ林を歩くサルの姿は、朝日に輝いている。金色のシルエットだけの親子が行く。トコ、トコと母ザルが歩くあとを、ピョコ、ピョコッリと赤ん坊が走る。

0532　他のサルはまったくいなくなったが、フミオと二メートルはなれたところの二歳のコザル、そして一五メートルはなれたところのメスと赤ん坊は動かない。

0536　フミオたち移動を始め、すぐにクリの木へ現れる。二回、フミオらを追い払う（一九八三年八月一三日）。

ボスザル第一位のフミオは、他のサルたちにクリを食べさせるために、一〇分間以上、被害防止調査団という敵を引き止めていたのである。もっとも、こうした利他的行動は、ボスザルだけでなく、先の若者のサルたちといい、ニホンザルは群の利害に対して相当に集団的である。

ボスザルの在群期間

房総丘陵では、TI群のボスザルの在群は二年間から一一年間（一九六四年から一九九〇年まで。途中、一九七五年から一九八〇年まで観察中断）とまちまちで、いずれもその後、群を離れている（島、一九九五）。観察が断片的なので、確かなことは言えないが、ボスザルの在群期間の平均は約四年（4.27±2.87年、一一例）である。ボスザル第一位を維持した年数は、一年間から七年間で、平均三年間である。


岡山県臥牛山では、開苑当初の一九五五年から現在（二〇〇四年）まで、半世紀の記録がある。ボスザルは、群の中でかんたんに識別できるので、このような記録ができるわけである。臥牛山のニホンザルは開苑当初は一二〇頭で、最大は一九八六年の三二〇頭という大型の群れだったが、ボスザルの数はいつも七頭から四頭だった。ボスザルとして群にとどまる期間は、平均一三年間（12.75±7.17。餌づけ当初からの個体の在群期間およびキンの在群期間を除く一二例）だった（島、一九九〇）。

ボスザル第一位を維持した年数は、一年間から七年間で、平均四年（3.75±2.31年、八例。キンは除く）だった。

この高宕山と臥牛山の例は、片方が時々の餌づけ群、他方は強度の餌づけ群という違いがあり、強度の餌づけのほうが、ボスザルは長く留まる傾向が強いと言えるが、第一位の期間は三〜四年間で、それほどの違いではないようである。人間が考える社会的位置ではないので、一位と二位の間に違いはないのかも知れない。

ヒトリザルの緊張感

群から群を渡り歩く期間に単独で行動しているサルをヒトリザルと呼ぶが、その行動には常に緊張感があり、時に輝かしい印象がある。交尾期の秋になると、ヒトリザルの顔も尻も真っ赤で、やや灰色の褐色につやつやかに光る毛皮とあいまって、驚くほど美しい。
1032 ヒトリザル、マツの木の上で吼えた。そのオスに向かってか、群のオトナオスの「ショウイチ」が先頭で、その他のオスとコザルがやって来た（観察者の位置が群と「ヒトリザル」の中間のため）。
1033 ヒトリザルが「木ゆすり」をする
1036 ヒトリザル、マツの木から下りる。その右下にいたオスも下りる。「ショウイチ」を含め、四頭のオスがこの二頭のヒトリザルを追ってきた。
ヒトリザルは逃げるときにも、弾むように格好をつけていた（一九八七年八月十三日）。

ボスザルと赤ん坊の位置

ボスザルはつねに赤ん坊のそばにいる。ここで、その関係をもう少し詳しく見てみよう。
0600 サルの昨晩の寝場所に近づいた。私の足音で起きたサルがいるようだが、闇を透かして

図⑦　ヒトリザル。オスには唇の傷が多い。

図⑧　「木ゆすり」をするヒトリザル。撮影＝織本和之。

図⑨　サル・ダンゴ。左から二頭目の大きな顔の個体がオス。

見ると一二頭以上のサルがかたまってダンゴのようになって眠っている。尾根の岩場の上である。

近くで起こったサルの悲鳴を聞いて、このサル・ダンゴの中からオトナオスが駆けだす。

少し明るくなった。サルの群の構成が分かる。そこには赤ん坊と母、オトナメス一頭と三頭のグループ二組、オトナオス一頭、オトナメス四頭のグループが二組、合計一八頭のサル・ダンゴで、各ダンゴの間の間隔は〇・五メートルにすぎない（一九八二年一二月九日）。

ここで、「グループ」と呼んだのは、抱き合ってまとまったサル・ダンゴである。「サル・ダンゴ」とは、サルたちがしっかりと抱き合って固まった状態を言う。冬になると、昼間でもサル・ダンゴを作る。寒いのでお互いに抱き合って、暖をとるのである。コザルたちは抱き合ったメスたちの中にいて、のんきそうにしているし、オトナオスも群内の主要なものは、このダンゴの中にいる。夜はことさらにサル・ダンゴがはっきりする。むろん、寒いからである。

冬の日溜りで休息中のボスザルたちと赤ん坊の位置

1030　三頭のボスザルたち、第一位のフミオ以下、シゲキ、クラマはそれぞれ一五メートル間隔で三角形をつくり、彼らの二〇メートル先にいるオトナオス二頭と対峙している感じがある。

この三頭のボスザルグループの周囲にオトナメス六頭が見え、七頭の赤ん坊がいる。ここにはむろん三、四歳のコザルも数頭いるし、七歳のオスも通り過ぎている。

面白いことにフミオの位置は変わらないが、オトナオス二頭の位置はしょっちゅう変わっている。

フミオは母子グループ（オトナメスと赤ん坊グループだけでなく、二、三歳のコザル、四歳の若いメスも含む）の中央の木の上、地上近くに坐っている。彼のすぐそばに赤ん坊がいて、彼の左右五メートル以内に母子グループが三組いる。さらにそれぞれの母子グループから三〜五メートル以内には赤ん坊から三歳までのコザルを連れたオトナメスがいる。その近くで一歳のコザルが何かを食べていて、さらに一〇メートル離れたところに母子グループが見える。

オトナオス第三位のクラマは、当初、フミオから一〇メートルのところで二歳のコザルといっしょにいたが、その後、中央の母子グループの周りを回るように移動した。それは、オトナオス第二位のシゲキがこの母子グループの中を突っきってクラマの方に移動したためだった（一九八二年一二月八日）。

この赤ん坊たちと母親のグループをボスザルが取り囲むという位置関係のままの休息時間は、午前七時三〇分から一〇時四〇分まで続き、群は冬枯れの林の南斜面の日溜まりの中で休んでいた。私もまた、ひなたぼっこを決めこみ、オスたちの配置の妙に感じ入った。

ボスザル三頭は、群全体を見晴らしているヒトリザルと対決し、群内のオスたちに対処し、さらに若いオスたちの行動にも目を向けているが、同時に発情したメスたちの状態もよく観察している。そして、赤ん坊たちにも保護者としての目を向けている。

さらに、ボスザル相互の関係もそうとうに微妙で、相手の位置の変更に応じてただちに自分も反応するのである。このあたりの呼吸は、チンパンジーのオスでもほとんど変わらないが、人間の男たちの関係も似たようなものだろう。

移動の時―ニホンザルは同心円構造で進むというが……

河合雅雄さんは、その代表的著作『ニホンザルの生態』の中で、ニホンザルの群は山の中も同心円構造で進むのだと言う。

「ここで群れが山中を遊牧する隊形にふれておこう。群れの行進隊形は、あの同心円型の社会構造を引き伸ばしたものだと考えればよい。中心部をとりまいて、ナミオスが先頭、しんがり、横の守りを固める。ちょうどそれは、輸送船を囲んで、駆逐艦や哨戒艇でがっちり固めて進む輸送船団に似ている」（河合雅雄、一九六九、一七八頁）。

河合さんの描写は、それからそれへと続き、山中を同心円構造が輸送船団のように進む様が、手に取るようである。しかし、これは真っ赤なウソである。河合さんはそんなところを見たことがないことを、本人自身が続く文章に書いている。

「山の中でこのような典型的な行進隊形を観察することはたいへん困難である。……しかし、……山から餌場に現れるときに、この隊形をはっきり見る機会があった」（同上、一七八～一七九頁）。

山の中と餌場の違いを、このようにまぜこぜにしてはいけない。また、自分が見ていない山の中の様子を小説のように空想を交えて書いてはいけない。こういう書き方が、どれほど日本の霊長類学を害してきたことか。

では、事実はどうか？　サルの行列の構造が群の構造を解き明かす

一九七三年一〇月六日、林道をわたるＴⅠa群（ＴⅠ群の最初の分裂群）の全貌を把握することができた。高杉欣一さん（東大農学部）が写真にとり、私がフィールド・ノートに記録をした。この時、調査員は全部で四名（ほかに福田喜八郎と渡辺隆一の両氏）おり、サルの群が渡った林道のカー

図⑩　岡山県臥牛山の餌場風景。餌の撒き方で、サルは一列にも並ぶ。

図⑪　ニホンザルの行列。中央はボスザル。1989 年 11 月撮影。

ブの両側から観察していたので、ほとんど見落としはなかった。
それはこんな具合である（○歳の赤ん坊から四歳までは性不明）。
1324（サルの群は）全体としてゆっくり林道の東尾根を北へ向かう。
私たちは林道上と山の中の二手に分かれ、群を追跡した。
1429 若いメス、林道東の急な崖を下りて林道を渡る。あとから、四歳と二歳が続く。
こうして、群の最初の三頭グループは林道を渡ったが、群の大多数は林道に私たちが待ち構えている様子を見て、動きをとめた。木々のざわめきや時折見えるサルの姿から、山の中を歩いてきたサルたちがどんどん林道の崖の上に集まっていることが分かる。
1434 すべて崖上に集まる（と書いた直後に雪崩のように群が崖を下り、林道を渡った。以下、母子、二歳と書いたのは、すべて林道を渡ったサルたちである）。ボスザル第二位、一歳、母子、一歳、二歳、母子、一歳、三歳、若いメス、母子、一歳、若いメス二頭、母子、三歳、母子（年寄りのメス）、母子二組、三歳（ようやく一波が終わった。合計二三頭と赤ん坊七頭）。
1436 三歳メス。すべて崖の上で集まって遊んでいる（そして、第二の波が来る）。
1442 ボスザル第一位、三歳、母子、メス、一歳、コザル、母子、三歳、母子、コザル三頭、中型のサル、母子、中型のサル、母子、メス、一歳、母子二組（「コザル」や「中型のサル」とは、通過が速く、見分けがつかなかったもの）。
1443 三歳、四歳、二歳、メス、三歳

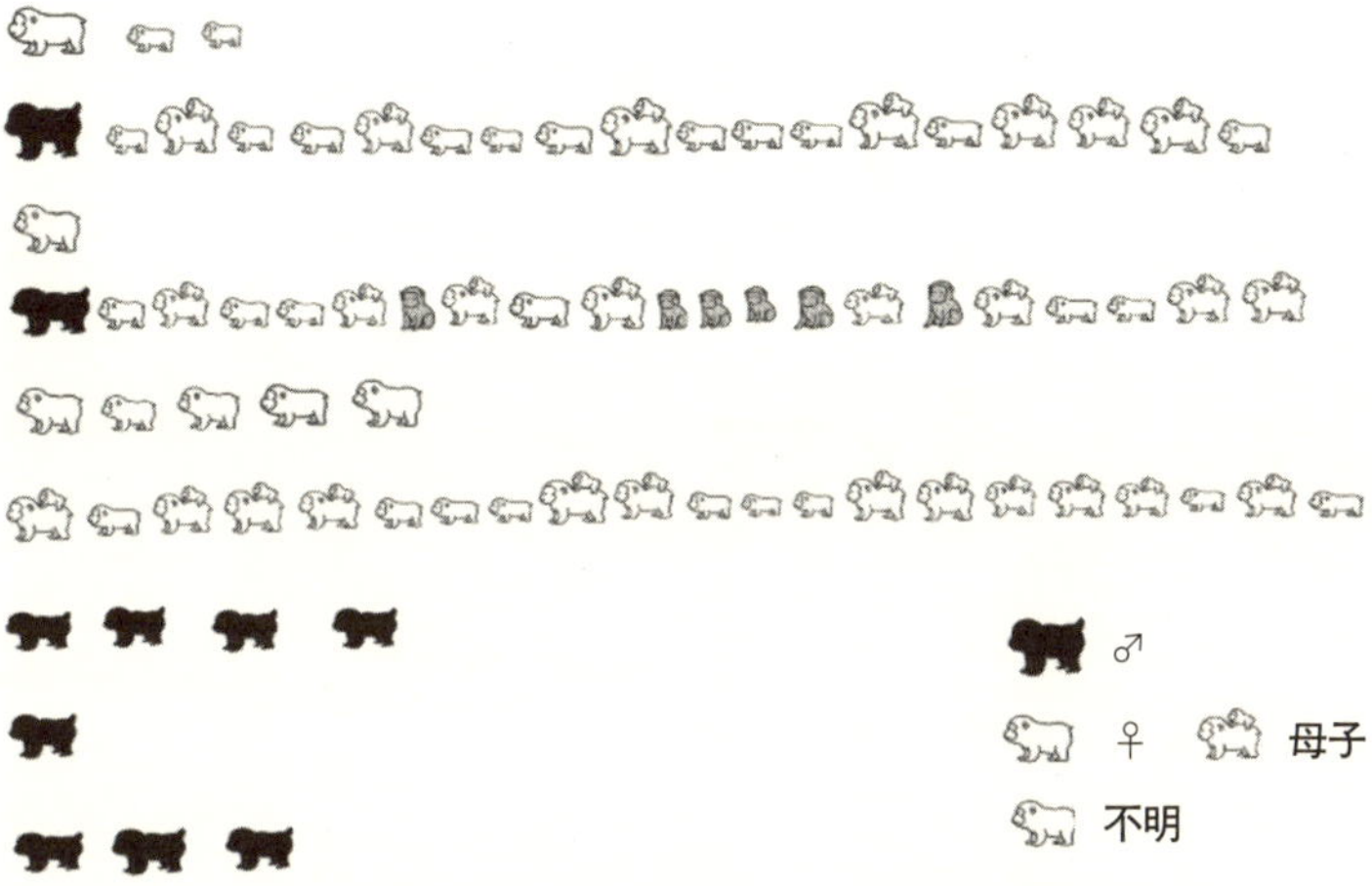

図⑫　ニホンザルの群の行列。1973年10月6日のものを図示。チンパンジーの群の構造との違いはオスの位置にある。

図⑬　チンパンジーの群の行列

1444　母子と三歳、母子三組、一歳三頭、母子二組、一歳三頭、母子五組、四歳、母子、四歳
（第二の波はいくつかのグループに分かれていたが、それもようやく終わる。ボスザル第一位以降は合計四七頭、赤ん坊二〇頭）。
1446　七歳オス、四歳オス、六歳オス
1451　オトナオス一頭と若いオス三頭は崖上の木でグルーミングしていたが、崖を下りて林道を渡る。
1452　五歳オス
1453　二歳、四歳、五歳、三歳（すべてオス）
1554　三歳（オス？）
1456　オトナオス二頭、五歳オス（ここまでオスだけ一六頭）

この最後のオトナオスたちが、群の一部なのか、そうでないのかはよく分からない。また、群が林道を渡る前に行進方向に少なくとも一頭のヒトリザルがいたが、通りすぎたすべてのサルの数は合計八九頭（ヒトリザルを除く）、赤ん坊は二七頭だった。母子とは赤ん坊を母親が背中かお腹につけて運んでいるからで、この季節ではその年生まれの赤ん坊がこのような急崖を越える時に、母親から離れることはない。

このように全数に近いサルを一度に見ることができたのは、幸運だった。この行列の構造こそがニホンザルの群の構造だと、私は思っている。

その後、この観察方法に味をしめて、群の全数を数えるために、追跡班とカウント班に分かれて、群を包囲し、そこから出てゆく数を数える方法を開発した。この方法を野生のサルに使うためには、地形の条件がそろっていなくては難しいが、それでも、山の中でニホンザルの群の全容を把握する方法については、私たちは経験を積んだ。このような経験を積んでいると、今自分の見ているサルたちが、群全体のどこに当たるのかが理解できるようになる。普通なら、ボスザル第一位か第二位のグループの一部を垣間見るだけなのである。

ニホンザルの社会はどのように見えてきたか?

多くのニホンザルの行列を観察すると、ボスザルは赤ん坊と密接に関係している

一九七三年に、群の行列を観察して以来、私は多くのニホンザルの行列を数えてきた。そして、群の広がりの中で、オスザルたちの位置を確認してきた。しかし、駆逐艦か哨戒艇のように「中心部」の周りを回る「周縁部」の若オスグループは見つからなかった。

房総丘陵でニホンザルをざっと二〇年間にわたって観察した末に、確信して言えるようになったのは、ボスザルたちは赤ん坊と密接に関係して動いているということだった。これは、すでに日本霊長類学の先達たちが「中心部」という用語で言い表していることとどこが違うだろうか?

日本霊長類学では、

「中心部というのは、メス、コドモ集団に、特定のオスがリーダーとなってはいりこむことが許容されてできた集合体である」（河合、一九六九、九四頁）

という言い方があるが、それはちょっと違う、というのが私の印象だった。このような言い方は、あまりに曲折が多い。「リーダーとなってはいりこむ」ということ自体がよく分からない上に、それが「許容されてできた集合体」とは、どんなものなんだろう、という素朴な疑問である。

たとえば、子殺しの容疑者として、次の章に登場する長野県地獄谷のヒトリザルのカボは、子殺しの末に群のボスザル順位の最下位のオトナオスとして群の中に入るが、このような場合、それは「リーダー」という規定に適合するのだろうか？　「許容されて」とは、メスからだろうか、群のオスからだろうか？　その両方からなのか？、いつもそうなのか？、と、事実に引き戻して考えると、事細かに気になるのである。

河合さんが描く、ニホンザルの群の中心部についてのお話よりも、「ボスザルは、場合によっては母親以上に、赤ん坊に気をつけている」という単純な印象が、私にとっては大きい衝撃だった。

私が見たニホンザルの群では、ボスザルたちは赤ん坊グループのごく近くに、まるで護衛のように位置し、赤ん坊に何かあると、相手が人間でもかまわずに直ちに攻撃態勢に入った。そのときには阿修羅のごとき形相になる。タイゾウの追放のときに、フミオが私に見せたような形相に変わる恐るべき護衛者であった。それに比べると、ボスザルのその他の活動は、メスの喧嘩の仲裁をしたり、ヒトリザルに対抗して木ゆすりをしたりはするが、いずれも第二義的だという印象だった。

群の周りを回って護衛する若いオスのグループは存在せず、群の核心にいる赤ん坊の周りを回って護衛しているのは、ボスザルたちだったのである。

ヤクシマザルの群サイズは小さいが、群には複数のオスがいた

ニホンザルの研究のために、全国各地に行ったが、ことに屋久島では、一九七三年以来の三年間にわたる多人数の総合調査を取りまとめたこともあって、ニホンザルの亜種とされるヤクシマザルの群の構造に関心を持った。

屋久島のサルについては、川村俊蔵さんと伊谷純一郎さんが一九五二年に予備的な調査を行って以来（川村・伊谷、一九五二）、ほとんど調査されていなかったし、「サル三万、シカ三万、人三万」と言われて、サルの本場のように受け止められて、ここからモンキーセンターの餌場（愛知県大平山）へサルが送られていたのもかかわらず、一九七〇年代はじめには、山頂部にサルがいるのかどうか、海岸の亜熱帯林にサルが定住しているのかどうかも、知られていなかった。

一九七三年以来、この自然の宝庫のような島こそ、失われつつある野外研究に適地ではないかと、私たちは連続して調査にでかけ、一九七四年、一九七五年には屋久島調査隊を組織して、西海岸の斜面の一定の面積を覆うような調査を行った（雑誌『にほんざる』第五号）。

この調査では、通りがかりにサルの群に出会った例が多く、群のサイズを決定することはできなかったが、それでも房総丘陵の一〇〇頭前後の群や高崎山の餌づけ当時の一六六頭に比べると、明らかに群サイズ（一三頭から五七頭）が小さかった。しかし、そのどれにも複数のオスザルたちが

いた。

全国のニホンザルの群サイズと比較してみても、屋久島のサルの群サイズは明らかに小さかった。積雪の多い冷温帯林では群サイズの平均は三五頭と房総丘陵などの雪の少ない暖温帯林の群の平均七九頭の半分にもならなかった。しかし、屋久島では平均三二頭と冷温帯林のサイズより小さかったのである（統計的には意味がないが）。また、オトナメスの数に対するオトナオスの頭数の割合は、屋久島が高いことが分かった（岩野、一九八三）。

このような屋久島のニホンザルの社会学的な指標がどのような意味を持っているのかを考察するためには、クルーク（Crook, 1970）を先達とする社会生態学的な分析にも頼ったが、屋久島西斜面の密な亜熱帯林の環境、ことにその食物分布の特別なあり方が原因なのだろう、という曖昧な結論しか出せなかった。

もっとも、屋久島のサルの観察は、分析結果以上に面白いものだった。小さな群はひとつの岩の上にぎっしりと集まって、中心部も周辺部もないような集まり方をしていた。それを見ていると、群の中心部を「リーダーとしてはいりこむことを許容されてできた集合体」などと言う必要もないのではないかと思えるようになった。これを、「岩の上にぎっしり集まっているのが中心部で、岩の外にはみ出しているのが周辺部」と言えば言えないこともないが、行列データをそのまま構造として見るように、この凝集状態をそのまま構造として考えるほうが、ニホンザルの社会構造を語ることになるのではないか？　それが私の印象だった。「中心部」と「周辺部」にことさらな価値づけや意味づけをせずに、それを単に空間配置として言うのなら、そのほうが分かりやすいではない

図⑭　ヤシクマザル。

か、ということである

ニホンザルでは、大きな群にも小さな群にも、オトナオスが必ず二頭以上いるのはなぜか？

　ニホンザルはなぜ群を作るのか、というのは根本的な問いで、そう簡単には答えられない。群れる動物と群れない動物がどのように決まるのか、そして、ニホンザルのような群の構造がどうして生まれるのか、という問いもなかなか難しい問いである。
　しかし、この問いを通りすぎて、「群を支えるクラスとして、リーダークラス、サブリーダークラス、ナミオスクラス、メスクラスの四つをあげることができる」（河合、一九六九、四三頁）と言い、「社会構造を支える三原理」（四八頁）として「その第一にあげられるのは、リーダーとそれにつき従うものを秩序づける体制―リーダー制である。……メス集団を統合する原理は何か。それは血縁制である。……オス集団の統合原理はなにか。それは順位制である」(同上、五〇頁)というような原理が先走るのは、行き過ぎだろう。なぜなら、私たちは、屋久島のサルの小さい群と房総丘陵のサルの大きな群の差、屋久島の群にオスの数が多いことについても事実をようやく確定したところで、その理由や意味をまだ解明していないし、理解もしていないのである。その状態で、それらのサルの集まりを「クラス」と呼び、そこから「三原理」を語るどころではない、と思うからである。

「クラス」議論や「三原理」などという入り組んだ学説は、私の頭にとうてい入らない。屋久島に行って、サルの群と取り組んだ結果、私の頭に残ったのは、ひとつの事実だけである。これはゆるがせないものだった。

「ニホンザルでは、大きな群でも小さな群でも、オトナオスが二頭以上は必ずいる」。

では、これはなぜか？

実は、この問題は、私たちが出会ったニホンザルの子殺し事件と深く結びついていたのである。次に、子殺しの実例を見てみよう。

その三　子殺し――その背景にある人間社会の影響

日本の霊長類研究の第三世代に属する私たちは、基礎データを蓄積すべく創刊した雑誌『にほんざる』で、子殺しの問題を特集したが、その後、子殺しは餌づけという人為的条件の中で起こると確信するに至った。

地球規模の環境破壊の進む二一世紀に、霊長類学者の責務とはなにか？

ニホンザルの子殺しにはサル社会の秘密を解く何かがあるのではないか？

「とんでもない話を聞いてきた」

その広い肩幅からはるかにはみ出したキスリングのリュックザックを研究室の入り口にドンッと置くなり、好広真一さん（当時、京都大学大学院）が話し始めた。

「箱根の天昭山野猿公苑で赤ん坊が殺されて食べられているところを見たという人の話を、地獄谷（長野県志賀高原）で聞いてきた。いや、確実な話だ。この八月五日のことで、観察した人はただの観光客ということだったが、彼らの観察内容も時刻もしっかりしている」。

その一九七四年の夏は、雑誌『にほんざる―日本の自然と日本人』創刊号の編集のために、私たちは東大農学部の一角に二か月以上も泊まりこみ、廊下にござを敷いて寝ていた。むろん、箱根のサルの研究者たちもそこにいた。

真夏の暑さと雑誌創刊の熱気が渦巻く現場にとび込んだこの情報は、私たちを総立ちにさせた。福田史夫さんはただちに箱根に向かい、八月一五日に赤ん坊の死体を収集し、法医学の専門家、佐倉朔さん（当時、東京医科歯科大学）に鑑定してもらった。その結果、この赤ん坊は以前にも一度オスザルの右犬歯で頭骨に孔があくほどの攻撃を受けたが治り、今回の二回目の攻撃によって頭の骨

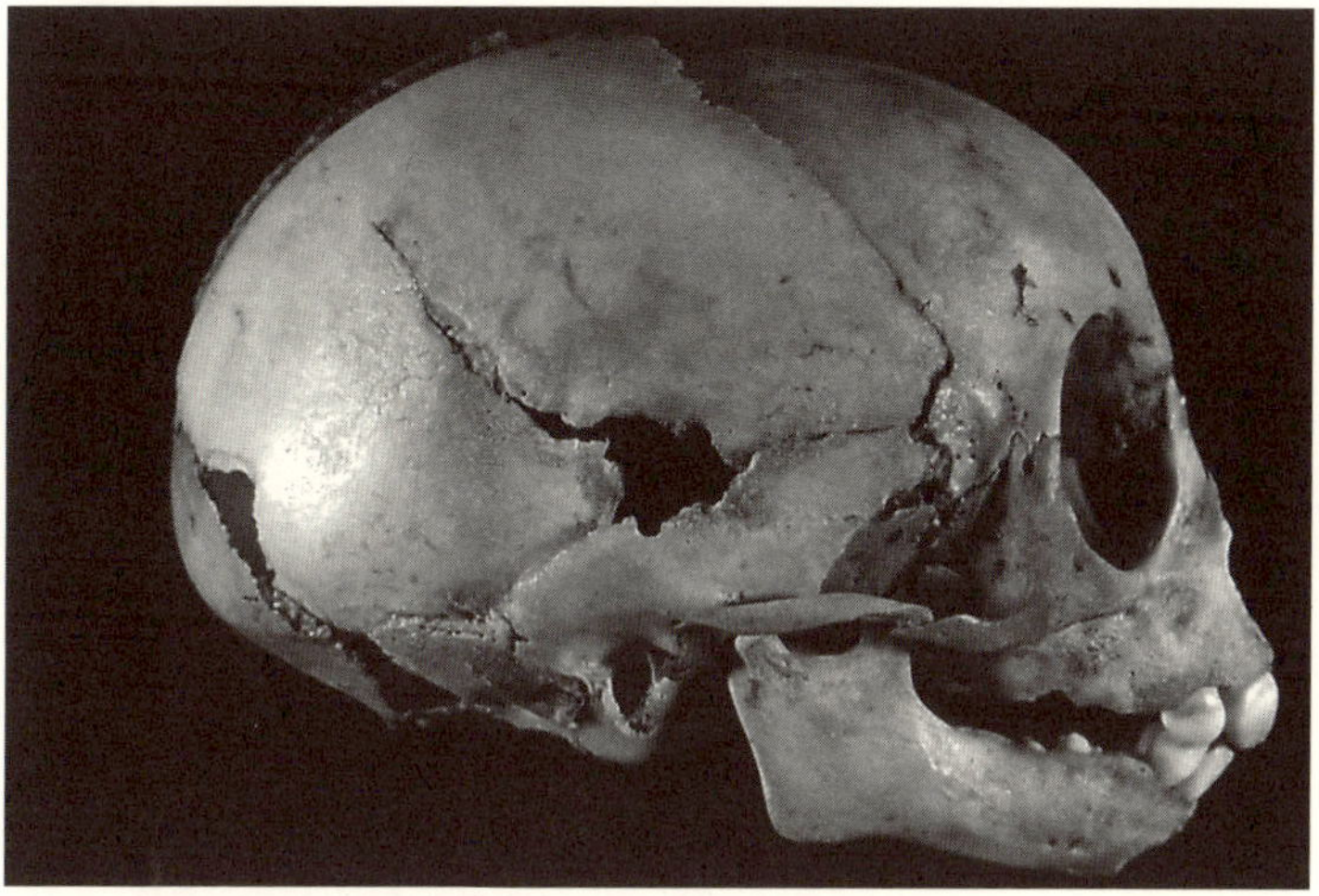

図⑮　箱根天昭山で殺されたニホンザルの赤ん坊の頭骨。

が割れて死亡したことが分かった（にほんざる編集会議、一九七四）。

これはひじょうにショッキングな事件だった。オスザルがメスザルを襲ってその赤ん坊を取り上げ、赤ん坊を川原の石に幾度も叩きつけて殺し、二回にわたって赤ん坊の手を食べたのである。目撃者、佐藤茂雄さんの談話は以下のとおりだった。

「八月五日ごろの朝八時半、私たち（佐藤夫妻）は箱根・天昭山野猿公苑のエサ場に行った。……九時ごろ、アカンボを抱えたメスザルが、オスザルに追われて左岸の山からエサ場におりてきた。……オスザルはメスザルからアカンボをとりあげて、堰堤に行き、堰堤の上にあがって渡り始めた。……オスザルは堰堤を渡ってすぐに、川原の石にアカンボを何回も払うようにして、たたきつけ、少し上流に運び、手を食べた」（同上、一二三頁）。

私たちは、何かとんでもない、しかし根本的な問題がそこにあると感じ、そこにニホンザルの社会の秘密をとく何かがあると直感した。

ニホンザルの子殺しが最初に観察されたのは、一九六〇年一一月のことだった（大平山野猿公苑、愛知県犬山市、河合、一九六九）。これは、杉山幸丸さんが一九六二年五月にインドで観察し、「世界最初のサルの子殺しの観察例」として有名になった、ハヌマンラングールの子殺し事件（Sugiyama, 1965、杉山、一九七九）に二年先立つ事件であったが、まったく注目されなかった。

しかし、今や埋もれていた事件の記憶が蘇り、雑誌『にほんざる』第二号には、長野県志賀高原地獄谷の子殺しと、神奈川県箱根湯河原の致死的攻撃行動の事例などを掲載して、「ニホンザルの異常攻撃行動」の特集をした。

志賀高原地獄谷の子殺し

若いオスのグループがもともとのボスザルグループと争っているとき、ヒトリザルによる子殺しが起きた

地獄谷野猿公苑（長野県山之内町）での子殺しの例は、サルの識別が箱根の事例よりも詳細で、前後の経過がよりはっきりしていた。野猿公苑の管理をしていた常田英士さんの詳細な記録があり、その記録は、雑誌『にほんざる』第二号に、志賀A群のオスザル列伝とともに掲載された(常田、一九七六)。

一九七〇年五月一〇日、地獄谷野猿公苑に、ヒトリザルのカボが初めて接近した。カボは六月五日に志賀A群(地獄谷に餌づけられた群)の赤ん坊を初めて攻撃し、一〇月二二日までに五頭の赤ん坊を攻撃した。

その年生まれの赤ん坊一一頭のうち、カボによって攻撃されたとみられる赤ん坊の数は九頭で、うち二頭が死亡した。カボが赤ん坊を襲っている現場が観察され、そのために赤ん坊がケガしたこと、そのために赤ん坊が死んだことは確かだが、赤ん坊が殺された現場そのものは目撃されていない。このために、オスの子殺しと確定できず、事件簿は埋もれていたのである。

地獄谷野猿公苑は一九六〇年に設立され、ここで餌づけられた志賀A群は年々その頭数が増え、群生まれの若いオスたちも増えた。こうして、一九七〇年には、これらの若いオスたちが成長し(と言っても、ニホンザルのオトナオスと言える七歳には達していなかったが)、それまで安定していたオトナオスたちとの間で優位の序列が複線化していた(好広・常田、一九七六)。

一九六八年には、ケンは五歳でボスザルのグループに入った。翌六九年には、ケンの二歳下の四歳の弟ケシと、同じ四歳の若いオスたちトチ、モミ、キリが、ケンとケシのグループに入ってひとつの系列を作り、餌づけ当初にいた「竜王一世」以来続いたボスザルの系列と対立していた。

カボが現れる前後の一か月間に、第一位から第三位までのボスザルが離群し、あらたにケンが最優位となっていた。カボによる赤ん坊への攻撃は、この志賀A群の若年のオスたちと残るオトナオスの間の関係が安定していない時期に起こったものだ。

常田さんは、いつもの淡々とした口調で、私にこう話してくれた。

「カボはすさまじいほど迫力のあるヒトリザルだったなあ。彼が対岸の枯れ木に現れて『木ゆすり』すると、見ていたケンはおしっこをちびるほどだった」。

ヒトリザル、あるいはハナレザルと呼ばれる単独生活のオトナオスは、ときに若いオスたちといっしょにいることもあるが、たいがいはひとりで、ニホンザルの発情期にあたる秋には、群の周りで誇示行動を続ける。ヒトリザルは真っ赤な顔で、真っ赤な尻と大きく垂れた赤い睾丸、ピンとそりたった短い尾を誇らしげに示して、高い木の梢や枯れ木の先で、「ガッガガッガッガ」と聞こえる大きな声とともに木を揺する。はじめて野生のサルを見た女性が双眼鏡で木ゆすりを見て、「サルって、こんなにきれいなものだったんですか！」と嘆息したことがあるが、それほど、野生のヒトリザルはきれいで迫力がある。

ヒトリザルは木ゆすりには全力をあげるから、枯れ枝が折れることがあるが、たとえ木が折れてもヒトリザルは動揺を見せない。八方を睨みつけ、筋肉を躍動させて大きく何段にも分けて、その木を飛び降りるのである。その儀式めいた行動の勇壮さはちょっとたとえようがなく、その「睨みつけ」は歌舞伎の仕種を思わせるほどである。

むろん、群のボスザルはこれに対決しなくてはならず、ケンのようにおしっこをちびっている場合ではない。常田さんは言う。

「ヒトリザルが尻尾をあげて張り切り、群のオスザルたちに対して対抗的で威圧的な態度をとったとき、前にいたボスザルのゴロだったら、すぐにヒトリザルの見えた方向へ張り切った態度で向かって行ったものだ。そうすると、ヒトリザルの姿は消えて、木の上にはゴロが代わって登って、木ゆすりをしたものだった。しかし、ケンはじっと見ているだけだった」。

ケンは五歳でボスザルのランクに入ったのだが、このとき七歳だった。やはり若いボスでは無理なのだ。体重差もあり、経験量も違うことが、迫力の差となっている。ケンでは群の赤ん坊たちを守ることはできなかったのである。


子殺しをしたヒトリザルが群に受け入れられた

しかし、驚くべきことは、もっと先にある。常田さんはさらに観察を続け、その年の一二月三〇日にカボが群に加入するのを見た。ボスザル第一位はようやく七歳になったケンと壮年のカボである。体重差さえ歴然としているから、当然、カボが第一位のオスになると誰もが思うだろう。しかし、常田さんは淡々と語る。

「カボはケンとその弟のケシに続く若いボスザルのオス順位の最下位として群に入った。カボはA群のどのオスよりも劣位だったが、群のオスもカボを見ても追い払わなかった。もちろん、赤ん坊を殺すなんてことはそれっきりありませんでした」。

カボは、翌年にはボスザル順位の七位（九頭中）に、一九七二年には六位になったが、一九七五年四月一三日に離群した。その後のカボについても常田さんは語っている。

「離群した翌月、油田よし子さんの五月九日の観察では、カボはC群についていたそうです」。

ニホンザルの社会関係を、人間世界のボス関係や順位関係の感覚で見てはならない。そのことを、この事例は実によく示している。もちろん、オスとメスとの関係やその社会関係一般を、人間の感覚で捉えてはならない。どうやら、子殺しをしたオスでさえ受け入れられるものらしいのだから……。

では、どういう感覚で捉える方法があるのだろうか?

子殺しの背景となる事実

サルの研究が日本で受け入れられるには、日本霊長類学の創設者たちがサルの世界を生き生きと描き出した文章力による功績が大きい。その筆頭は河合雅雄さんで、河合さんの擬人化による説明は、サルというものを身近にしたと言える。

大平山野猿公苑の子殺し―捕獲して餌場に連れてきたサルの子殺し

しかし、先にふれた一九六〇年の大平山の子殺し事件の説明は、擬人化の限界を示している。

「タカはメスどもが服従しないという欲求不満のために攻撃性が内向し、アカンボを振りまわしたりかんだりして、ついに二頭を殺し四頭に傷つけてしまった。人間だったら、気が狂ったと称されるところだろう」（河合、一九六九、一六六頁）。

河合さんによると、その当時大平山野猿公苑では、オトナオスの順位は約一か月間不安定な状態が続き、半ばヒトリザルだったその群生まれの第四位のオス、タカが三位までのオトナオスたちを従え、あらたに最優位になった。しかし、群内のオトナオスの優劣関係は安定せず、最優位になったタカはつぎつぎと赤ん坊を殺した。

野外観察で確認したのは、母親はもちろん、ボスザルたちも赤ん坊に細かい配慮をしているという事実だった。子殺しはその破壊である。なぜ、そんなことが起こるのか？　原因が人為的条件だとしたら、どういう条件なのか、それの事実を明らかにしなくてはならない。決して、「狂った」と言って終える場合ではない。


箱根天昭山野猿公苑の子殺し―餌づけ中止で群が分裂したり、第一位オスの交替があったりした

湯河原町の天昭山野猿公苑で子殺しが観察された一九七四年は、箱根地域のニホンザルにとって大きな変動の年だった。

天昭山野猿公苑から約一キロメートル離れたパークウエイ餌場の餌の量が、この年の四月から減らされ、九月には餌づけそのものが中止された。そのため、ここで餌をもらっていたP群は群を維持できず、この年の一一月に分裂した。

また、天昭山野猿公苑をおもな餌場としていたT群では、この年の九月、第一位オスの交替があった。それだけでなく、この年の赤ん坊の死亡率は例外的に高く（六五パーセント、一九七一―一九七七年の赤ん坊の死亡率は平均四九・七パーセント）、T群に新しく近づいたオトナオスも特に多かった（一六頭、T群が分裂した一九七二年の一一頭を除くと一九七一年から一九七七年までの平均は、四・四頭。Fukuda, 1988)。

赤ん坊を殺されたオトナメスがP群かT群のどちらかは分からないが、どちらにしても、赤ん坊が殺された八月には、群が分裂していたか、オトナオスの関係が不安定なときにあたっていた。

ニホンザルが赤ん坊を育てるときには、群にいるオトナオスたちの安定した関係が大切であることを、これらの例はよく示している。

雑誌『にほんざる』を編集していたこの時点では、子殺しの現場を後になって目撃することになるとは、夢にも思っていなかった。それから一三年後、私と福田さんは、岡山県臥牛山で驚くべき光景を目の当たりにすることになった。

臥牛山の子殺し

臥牛山の群は餌づけで個体数が増えて、文化財に被害が出ていた

臥牛山は倉敷付近で瀬戸内海にそそぐ高梁川の中流域にあり、川に面した西側は急傾斜の花崗岩

図⑯　箱根天昭山の餌場付近の路上で、福田史夫さんに餌をねだるサル。

の崖で、東は中国山地の高原に続いている。山頂（標高四七八メートル）には、重要文化財に指定されている有名な山城、備中松山城がある。この山のニホンザルとその生息地は、一九五六年に、千葉県高宕山、大阪府箕面とともに天然記念物に指定されていた。

「天然記念物が重要文化財を壊しているんだよ。なんとかしてくれ」と言うのが、文化庁の担当者の話だった。サルたちは山頂のお城を泊り場にして、白壁を汚し、高価な瓦をはいでいた。

こうして一九八六年から、文化財保護と農作物被害防止を目的に保護・管理調査が始まった。これもまた、全国でニホンザルを餌づけした川村俊蔵さんたち日本霊長類学の創始者たちの置き土産であり、その後始末でもあった。

餌場（臥牛山自然動物園）は臥牛山の高梁川沿いの谷間にあり、一九五五年にニホンザル約一二〇頭が餌づけされた（Furuya, 1960）。サルは餌づけのあとどんどん増えて、一九七二年までに六回も群が分裂したことで有名だった（Furuya, 1968：藤田、一九七四）。

臥牛山のサルの群は一九八七年には約三二〇頭で、五三頭以上の赤ん坊が生まれていた。臥牛山群のボスザルの数は第一位のケン以下、イシ、キン、セン、スケの五頭だった（高梁市教育員会、一九九六）。

天然記念物調査団としての仕事

一九八七年七月から天然記念物調査団は、サルを一頭一頭識別するために捕まえて入れ墨し始めた。サルを捕えるために使ったのは、石垣の上に建てられた野猿公苑の事務棟と観光客の観察棟をその側面として、石垣までを側面の壁にして設置されていた長さ二六メートル、幅四・五メートル、高さ六メートルの金網の檻である。

真夏だった。この大きな檻の隅、石垣の上に集まったサルに近づき、手づかみにして、石垣を降り、押さえつけて採血、計測、入れ墨をする作業を夕方まで続けると、物も言えないほど疲れはてた。

一口に手づかみにするというが、相手は石垣の上にかたまっている。ボスザルは一〇キロを越え、その犬歯は猛獣なみである。私はサルの捕獲に協力する学生たちを選んだ。気の優しい子、気の弱い子、から元気の子、優柔不断な子はだめだ。物に動じない男たちが必要だった。捕まったサルがいる檻に入る前に、選抜した学生たちに気合を入れた。

上＝図⑰　臥牛山と猿見谷の景観。
下＝図⑱　臥牛山の餌場風景。

「並みたいていの気力では、サルに負ける。負ければ石垣の上だ。大怪我をする。気合を入れよ。檻の中に入る前に、サルを『殺す』と決意しろ。本気で『殺す』と」。

現場というものは、こんなものである。野生の動物の調査では、捕獲はつきもので、捕える相手を可哀そうとか、恐いとか思ったらケガをする。あるいは、相手をほんとうに殺すことになる。手心を加えられていると思ったら、サルは抵抗するし、逃げ回る。ことに暑い最中は、毛皮に覆われた動物は簡単に体温が限度を超えてあがり、それだけで死ぬ。それを避けようと思ったら、サルがこちらを見た瞬間に、「ああ、これはもうだめだ」と観念させてしまうほどの迫力を見せつけなければならない。サルが気力を失った瞬間に、手づかみにするのである。

これは体力もいるが、精神力も必要な作業だった。一日の作業を終えると、サルのフンと泥でどろどろになった。街中の風呂屋さんの広い洗い場で、私たちは大の字になってひっくり返った。相手は三二〇頭の群である。この作業は九月まで続いた。

ヒトリザル、ヨナゴの子殺し

ヒトリザルが赤ん坊を殺したのは、九月に行った第三回目の捕獲調査の最中だった。

九月一四日、赤ん坊九頭を含む六二頭を捕獲した。餌場には大きなヒトリザルが現れて、捕獲檻のサルたちを威嚇していた。彼は臥牛山群の周りにこの年はじめて姿を現したオスザルだった。その上唇が大きく縦に切れた怪異な風貌をしていたので、かんたんに見分けがつき、ヨナゴ（推定一六、七歳）と名づけられた。

九月一五日、私たちは前日檻に入ったサルを一頭一頭捕まえて、入れ墨と体重測定をしては、外に放すという作業をつづけていた。調査を終えて放したサルも、いずれ山中で群に合流できると私たちは考えていた。もちろん、赤ん坊は計測だけで、母親といっしょに放した。

午前八時に現れたヨナゴは、檻の上に飛び乗って、檻の中のサルたちを威嚇していたが、しばらくして姿を消した。

第一の子殺し

午後二時一五分、「ヨナゴが赤ん坊を！」という餌場の管理人の叫び声を聞いて、作業を続けていた私たちはその指さす方向を見た。ヨナゴは餌場の北の急斜面に赤ん坊を引きずって現れ、まるで捕獲されているサルたちに見せるように、赤ん坊を繰り返して噛んだ。私たちは檻から飛び出してヨナゴを追い払い、赤ん坊を回収したが、両腕に噛み傷があり、赤ん坊はすでに冷たくなっていた。

第二の子殺し

ヨナゴは私たちがいくら追い払っても檻のまわりから離れず、檻に入っているサルたちを威嚇し、母親から離れた赤ん坊を檻の金網からひっぱりだそうとした。

午後三時五四分、私たちは捕獲檻の西側で赤ん坊がヨナゴに引っ張られて、金網の外に体を半ば引き出された格好で死んでいるのを発見した。ヨナゴはまた、計測が終わって放した二、三歳のコザルを追いかけたが、コザルはなんとかヨナゴから逃れた。

翌九月一六日、臥牛山群が午前一一時半から一二時一五分まで餌場にいた。群がいなくなったあと、周辺部にいて群に入りかかっていたオトナオスのニイミ（一〇歳）が檻に近づいてきたヨナゴを攻撃し、闘争になった。ニイミは片腕だから、体力で勝るヨナゴに圧倒されて、結局は林の中に逃げた。しかし、たぶんこの闘いの影響と思われるが、この日、ヨナゴは赤ん坊を攻撃しなかった。

第三の子殺し

九月一七日、午前九時より捕獲したサルの残り七頭の計測が行われた。ヨナゴはこの計測の最中に野猿公苑に現れ、檻のなかのサルたちを威嚇した。管理人（三名）と調査団のメンバーは繰り返してヨナゴを追い払ったが、ヨナゴは執拗だった。
一〇時二八分、ヨナゴは私たちの隙をついて檻の中の赤ん坊を金網ごしに捕まえた。ヨナゴは金網から赤ん坊を引き出そうとして、赤ん坊の下半身の皮を剝ぐ重傷を負わせた。福田さんがヨナゴから赤ん坊を取り戻し、母親に返したが、赤ん坊は死んだ。

第四の子殺し

九月一七日午後三時頃、檻の南に位置する便所のなかでうずくまっている赤ん坊を見つけた。赤ん坊に外から見える傷はなかったが、すぐに死んだ。

第五の子殺し

九月一九日午前九時五〇分、ヨナゴは前日檻に入った五頭のメスザルの赤ん坊を襲い、金網から引き出そうとして右足に傷を負わせた。この赤ん坊は、その後死亡した。
こうして九月一九日までに、ヨナゴは臥牛山群の赤ん坊五頭を殺した（岩野・福田、一九八八）。

この日までで、捕獲調査は終わり、ヨナゴはこの後も臥牛山野猿公苑に現れたが、赤ん坊が殺されることはなかった。

九月二七日、正午頃に野猿公苑に設置された小型の捕獲檻で、ヨナゴを捕まえた。ヨナゴの体重は、一四・四キロで、右手の第三指に爪がなく、右足の第二指は鉤爪だった。

子殺しの直接原因は赤ん坊を無防備な状態に置いた調査団が作った

今になってからこの子殺しの経過を振り返ると、直接の原因は調査団が作ったもので、それを未然に防げなかったのは、私たちの判断ミスだったと分る。ヨナゴという大きなヒトリザルが近くにいることが分かっていて、赤ん坊を無防備な状態に置いたのはまったくのミスである。

群のオトナオスがいないことが赤ん坊の無防備な状態である。そのことを当時の私たちは知らなかったから群のオトナオスを排除し、赤ん坊をメスたちだけの集まりに残し、ヒトリザルの攻撃を誘発してしまったのだった。

このヨナゴによる攻撃の間、赤ん坊は檻の中で十分に逃げられる空間があったのに、わざわざ檻の金網の近くに行き、ヨナゴに引き寄せられて殺された。また、その母親たちも赤ん坊を手元に引きよせることができたのに、赤ん坊たちをまったく守ろうとはしなかった。

福田さんはその赤ん坊とヨナゴの関係を見ていて、こう語った。

「まるでヨナゴに引き寄せられるように、赤ん坊は檻の金網の近くにわざわざ行って、ヨナゴに外から捕まえられて、引っ張られた。あれはなぜなのか、理解できないなあ」。

ヨナゴと対決したニイミのこと

ヨナゴと対決したニイミは、一九八六年秋から臥牛山の群に近づいてきた一〇歳くらいのサルで、その識別は簡単だった。なにしろ片腕がなかった。その腕を失ったのは、前年の群のボスザルとの間の抗争だった。

「去年の一二月になって、ニイミはしょっちゅうここに出てくるようになったのですが、ボスとの格闘が見られたのは一回でした。あの谷の中からニイミとボスのケンとがもつれあって出てきて、ボスに噛みつかれたまま、あの池に落ち込みました。池から出てきたとき、ニイミの片腕はありませんでした。だから、片腕はあの池の中にあります」

と目撃した餌場の管理者は、私たちに語った。

ニホンザルのオトナオスの犬歯には、瞠目すべき威力がある。そして、切り落とされた片腕の怪我が治る、その自然治癒力にも。

片腕を失ってもニイミは臥牛山群のまわりから離れず、一九八七年一月には群のまわりでメスと交尾していた。ニイミは餌場の真ん中に出てくることはできなかったので、ボスザルと呼ぶには未だという感じだったが、群のオスに準じた位置をすでにもっていたのだろう。なにより、群の赤ん坊には彼の子がいただろう。

図⑲　ニホンザルのオスの犬歯。長野県大町市にて。撮影＝織本和之。

子殺しに共通する背景

こうして見てくると、ニホンザルの子殺しには、共通する特徴がある。群のオトナオスがいないか、順位関係に大きな変動があって、彼らの間の関係が定まっていない場合である。

臥牛山群では、捕まえられて檻に入れられたサルのなかに、オトナオスがいなかった。その上、ボスザルをふくむ群の本隊はその場を離れていた。このために、ヨナゴが赤ん坊に襲いかかることを防ぐことができるオトナオスは、ニイミ以外にはいなかった。

地獄谷と大平山の例は、すこし似ている。それまでのオトナオス間の順位関係が壊れたこと、その群で生まれたオスが、ボスザル第一位になったこと（注1）、彼より優位のオトナオスがいなくなったことなどが、子殺しの引金となっている。

このようなオトナオスの異常な関係の結果、地獄谷のヒトリザルや、大平山で新たに第一位になったオスが赤ん坊を殺すことになった可能性が強い。この群内のオトナオスの異常状態のもっとも極端な例が、臥牛山群の場合だった。

このオトナオスのいない状態が、新しく群に近づいてきたヒトリザルの攻撃性を誘発したのではないだろうか？　つまり、群内のオトナオスたちが赤ん坊を守る役目を担っているのではないだろうか？

これが、子殺しに直面して私が抱いたニホンザルの社会についての考えだった。しかし、もしもそうだとすると、ニホンザルのオスについて、私たちはある恐ろしい推測を持たなくてはならないことになる。つまり、「オスたちの攻撃性は、いつも蓄えられている。それは条件さえ合えば、いつでも発動する」と。だから、攻撃性を発揮し始めた「タイゾウ」は追い払われたのではないか？と。

複雄群での子殺し

ニホンザルの社会は複雄群だが、世界にはさまざまなタイプのサル社会がある

ニホンザルの群にはボスザルと呼ばれるオトナオスがいることは、よく知られている。日本のサル社会学では、最初これを「ボスザル」と呼んでいたが、その呼び名があまりに擬人的なことにためらいを感じて「リーダー」と呼びかえたが、どっちにしてもそれは、ただの「オトナオス」である。しかし、「群内」オトナオスである。

ともあれ、人間社会のボスとは違って、ニホンザルの群には複数のボスザル＝オトナオスがいる。ニホンザルの群は数十頭から一〇〇頭という大型のサイズで、その中にいつもいるオトナオスたちの数は、二～三頭から七～八頭である。このような集団の構造をもつ社会を複雄群（マルチ・メール・グループ）と呼ぶ。

サルの社会の複雄群にはふたつのタイプがある。一方は母系の複雄群で、ニホンザルのようにメスは生まれた群を離れず、若いオトナオスが群を出て行き、オトナオスが他の群から入ってくるタイプだ。父系の複雄群もあって、チンパンジーのようにオスは生まれた群を離れず、メスが群の間を渡り歩くタイプである。もっとも、ニホンザルでもメスが群を離れる例が知られているから、ニホンザルタイプの複雄群はオスが次々に群を渡り歩くタイプと言ってよいかもしれない。

複雄群では子殺しは稀である

ニホンザルのように、ボスザルたち、つまり複数のオトナオスがデンと構えている集団構造のサルでは、子殺しはまったく稀である。ニホンザルの研究は、敗戦直後の一九四六年から始まり、全国数十か所で餌場が開かれたが、今に至るまで子殺しは、愛知県大平山、長野県地獄谷、神奈川県天昭山、岡山県臥牛山の四か所で見られただけで、しかも赤ん坊が殺されたのは、よほど特別な条件がそろった場合だけだった。

ニホンザルとまったく同じ複雄群の集団構造を持つサルには、ニホンザルの属するマカカ属（アカゲザルやタイワンザルの仲間）とヒヒ属（アフリカのサバンナに分布するマカカ属の近縁）がいるが、それらの場合でも赤ん坊が殺される事例は非常に少なく、赤ん坊殺しが観察されているのは、チャクマヒヒ（*Papio ursinus*: Busse and Hamilton, 1981; Collins *et al.*, 1984; Tarara, 1987）、キイロヒヒ（*Papio cynocephalus*: Shopland, 1982）、アヌビス（オリーブ）ヒヒ（*Papio anubis*: Collins *et al.*, 1984）である。

サルの子殺しの原因

これまでの原因説

一九八四年に、アメリカ人霊長類学者コリンズらは、それまで知られていたヒヒ類の子殺しをまとめ、ボツワナのモレミでのチャクマヒヒと、タンザニアのゴンベでのオリーブヒヒの子殺しの観察を加えて分析した（Collins *et al.*, 1984）。

コリンズは、子殺しが起こる近接要因として「社会的混乱仮説」を提案した。ここで「社会的混乱」とは、「高頻度の闘争」、「優位関係の不安定さ」によって特徴づけられていて、コリンズらは「社会的混乱」の原因は、「群同士の遭遇」、「オスの移入」、「群内のオスの敵対的関係」であると言う。

群同士の遭遇が平和的なはずがない

ヒヒの群の間で抗争があったときには、赤ん坊だけでなく、その母親も怪我をすることがある(Shopland, 1982)。群の間の敵対的な出会いでは、それに巻き込まれたいろいろなサルたちに影響を与える。

コリンズらはふたつの群の出会いが「平和的」であっても赤ん坊が殺されたことを報告しているが、これは観察に問題がある。人間の観察、人間の感覚には限界がある。群の出会いが「平和的」だと評価するのは人間の勝手な感覚にすぎず、通常は避けあって暮らしている群が出会ったときに、平和的であるはずもない。緊張関係が生ずるのが当然である。

ヒヒもニホンザルと同じほど大きな群を作るわけで、ニホンザルを観察した経験から言えば、群同士が出会ったときの混乱の全体を、ひとりふたりの観察者ではとても把握できるようなものではない。どこで何が起こって赤ん坊が殺されたのかを、コリンズらがはっきり書いていないのは、そのためであろう。

ヒヒの社会で、群同士に「平和的な」出会いがあると感じること自体が、人間の観察の限界である。サルのしぐさは非常に微妙で、ぼんやりした観察者にはそれが敵対的か平和的か、決して見分けることができない。

ひとつの例を示そう。一九八八年九月、房総のサルの群のビデオ映像を編集していたNHKのディレクターが、私にオス同士のある仕種を見せた。その画面は普通に見ていると、こうである。

「ボスザル二頭が一メートルの距離に近づき、並んで草を食べている。そこへメスザルがやってくる。ボス第一位はそっちを見る。第二位は、メスと反対側に跳びのく」。

何度見てもそうとしか見えない。メスが来たのに、なぜ第二位が跳びのいたのかが分からない。そこでディレクターが、ビデオをスローにして見せてくれた。それで見えてきたのは、

「ボスザル二頭が食べている。メスが来る。ボス第一位は右手を払うように動かし、第二位を威嚇した。第二位は飛びのく」

という行動の連鎖だった。人間の目は近づいて来たメスに焦点が合ってしまい、それまで焦点が合っていたオスたちが見えない。ボス第一位は姿勢をほとんど変えていないので、その手だけの動きは、まったく見えないのだった。

行動学とはこういう学問である。私はビデオ撮影ぬきの観察は、これからの研究にはあり得ないことを悟った。それにも、いくつもの問題があるにしても。

ヒヒの群の遭遇が「平和的」か「敵対的」かどうかは、人間にとってはその結果からしか判断できない。そこで赤ん坊が殺されたのなら、それは十分に「敵対的」だったのである。

新しいオスの入群が引き起こす子殺し

ボツワナ、モレミのチャクマヒヒの群で赤ん坊が殺された二例は、ほとんど同じ時期に群に入ってきた二頭のオスによって、つづけて引き起こされている。しかも、そのうちの一頭は、群に入って七六日という短い期間で、ボスザル第一位になっており、ちょうど地獄谷の例のように、旧来のオトナオスの順位と、新しいオス二頭を核とするオトナオスの順位関係が複線化していた時期だった。

その上、赤ん坊が殺された第一の例では、その母親をコリンズらが麻酔にかけた時だった（読者は、「なんだ。臥牛山事件と同じように、研究者が原因じゃないか」と、その研究姿勢に怒ってもよい）。


その群生まれのオスの第一位への上昇が引き起こす子殺し

タンザニア、ゴンベのアヌビスヒヒの群では、その群生まれのオスが第一位になったときから七か月間不安定状態が続き、オスによる子殺しは直接観察されてはいないが、その間に四頭の赤ん坊が死んだ。

またモレミのチャクマヒヒでは、その群に生まれて第一位になったオトナオスが、その五か月後に若いサルたちを攻撃し、一頭の赤ん坊を殺している（Tarara, 1987）。

また、飼育下のスーティマンガベイ（*Cercocebus atys*）でも、その群生まれのオスが第一位になった三か月後に、三頭の赤ん坊を殺している（Busse and Gordon, 1983）。

同様の、第一位オスによる子殺しは、他の飼育下のマンガベイでも報告されている（Bernstein, 1971）。ちなみに、マンガベイ属はヒヒ属に近縁のサルで、その外観はヒヒによく似ているが、より森林棲のサルである。

これらのヒヒやマンガベイでの観察例とニホンザルの観察例は、よく似ていて、その群に生まれたオスがオトナになるまで群に残って第一位になったときには、ときには（いつもではないが）子殺しが起こることを示している。

こうしてサルの赤ん坊が殺される条件がかなり分かってきた。では、赤ん坊はどのようにして守られているのか？

赤ん坊防衛仮説

ニホンザルの群には、なぜ複数のオトナオスがいるのか？
この単純な疑問が日本の霊長類学の主題になったことがない。こんな単純なことを考えるのは、素人だということなのだろう。ボスザルについての議論は「順位制」とか「ステータス」とか、そういう小むつかしい話にすべって行って、
「オス集団の統合原理はなにか。それは順位制である。オスの属性としては優位性、独立性、拮抗性が上げられるが……」（河合、一九六九、五〇頁）
という風に学者たちは語った。

しかし、素人的疑問を持ちつづける者もいる。どうみても私は素人で、結局単純素朴な疑問しかもてない。その上、この「順位制」とか「なんとか制」という議論にまったくついていけない。今となっては、「なんとか制」というこみいった議論の好きな人と、そうでない人とがいるということを知り、若干の悟りの境地に達したが、野外でサルを追いかけているときに、こういう議論に出会うのには閉口した。

河合さんは野猿公園での素人の質問にあきれたようで、以下のようにわざわざ書いている。

「餌はみな生なんですね、とか、雨にぬれて平気なんですか、とさも驚いたように問われるのには、きかれた方が驚いてしまう。野生のサルなんだから当然だといっても、まだ納得がいかない顔をみせる人が多い」(同上、四一頁)。

たぶん、私はこの「納得がいかない顔」の仲間だなと思う。ニホンザルを追跡しているときに、「なぜ、雨に濡れてもサルは平気なのだろう」という疑問が、いつもつきまとっていたからである。この単純素朴な疑問が、ついに二〇年後に人間の裸の起原を考える契機になった。

それにしてもサルの餌場を見学していて、自分の子供が「おサルさんは、どうして雨に濡れても平気なんですか?」と管理人に尋ねたとき、「野生のサルなんだから当然だ」という答えに出あったら、私が親なら怒るな、絶対に。

ニホンザルの群の基礎データを集め、まとめた日本サル学第三世代

複数のオトナオスは、ニホンザルの大きなサイズの群を統合するという側面を持っているかもし

れない。しかし、ニホンザルにはごく小さな群もあり、そこにも複数のボスザルがいる。

もっともこうしたことも、ニホンザルをあちこちで追いかけた人がいたから分かることで、それをまとめて見せた人がいたから、あたかもサルについての常識のように簡単に引用できるようになっているのである。

ニホンザルの群は何頭のサイズなのか？　そこに何頭のオスがいて、何頭のメスと赤ん坊がいるのか？　そういう単純な事実も積み上げ、まとめる人がいないと、実態は誰にも分からない。学者としては評価されなかったが、そういう地道な仕事をやった人たちがいた。

一九七四年に創刊された雑誌『にほんざる』に集まったサルの研究者グループは、一九四八年に始まった伊谷純一郎さんら霊長類学創設者の、ニホンザルの研究と餌づけに関係するさまざまな活動を、餌場の後始末をも含めて、二〇年後に追いかけているというところがあった。

高宕山や臥牛山についてはすでに述べたが、高崎山については増井憲一さん（当時、京都大学大学院）たちが、ますます殖え続ける群サイズと格闘し、幸島については足澤貞成さん（京都大学霊長類研究所非常勤職員）や渡辺毅さん（当時、京都大学大学院）がその個体識別の問題と取り組んでいた。

増井さんは群のサイズの問題に取り組んで、ニホンザルだけでなく世界のサルの群サイズやその個体数までまとめた（増井、一九七九）。この労作は、今でも意味のある包括的な資料編纂で、それぞれの霊長類の種について成長段階をどのように区分しているかについてのとりまとめも資料として第一級のものである。その中で、当時知られているかぎりの、全国の野生群のサイズと各地の餌づけ当初のニホンザルの群サイズをまとめた一覧がある（同上、二三六頁、第一二表）。

ニホンザルの群は、どこでも百頭くらいのサイズというわけではない。下北半島では八頭の群が観察されているし（下北半島の群サイズの平均は、二五・三頭、六例）、志賀高原でも一八頭の群が見られている（サイズ平均二九・五頭、四例）。このデータからすぐに、「雪が降るところでは、ニホンザルの群サイズが小さくなるのだな」と思うと間違いである。箱根湯河原でも一八頭の群が見られているし、大阪府箕面でも一七頭の群があった。そして、屋久島でも一八頭の群がある。驚くことに、全国のどの場合もオトナオスの数は三頭から七頭だった（例外は、大阪府箕面B群でオスは一頭）。下北半島のB群はたった八頭の群だったが、オトナオスが三頭いた。そして、オトナメスは四頭で、赤ん坊は一頭だけだった（原典は、伊沢他、一九七一）。

世界のサルでは複雄群の方が少数派である

私たちは一九七三年から屋久島でのニホンザルの調査を始めた。この亜熱帯の常緑樹林には、小さな群がたくさんいて、その小さな群にも複数のオトナオスがいるという複雄群の構造には変わりがなかった。これはなぜだろうか？

実はこのように群の中に複数のオスザルがいることは、ニホンザルの仲間（マカカ属、主にアジアに分布）ではふつうだが、世界中の他のサルでもそれがふつうというわけではない。

チンパンジーのように群の中に複数のオスがいる種もあるが、ゴリラではオトナオスが一頭だけの例があり、オランウータンは単独生活者で、そもそも群がない。テナガザルは一夫一婦の家族群

（ペア・タイプとも）で、むろんオトナオスは一頭である。ニホンザルの近縁のヒヒ類でも、マントヒヒは一頭のオトナオスが複数のメスを囲いこむ単雄群をユニットにしている（マントヒヒでは、このユニットがいくつも集まって群を作っているので、複雄群と言えないこともないが）。中南米のサル、マダガスカルのサルまで加えると、複数のオスがいる群は少数派である。

こうして、世界のサルたちのこのような構成を見ると、ニホンザルが、一〇〇頭を越す大きな群でも、一〇頭以下の小さな群でも、必ず複数のオトナオスがいる事態が不思議に見えてくる。しかし、なぜ、このような構成になるのかについての説明は簡単ではない。

世界のサル研究者は、子殺しに注目し始めている

世界のサルの野外研究は、一九六〇年代から本格的に始まり、一九九〇年代まで爆発的に続けられ、ほとんど世界中のサルの生態と社会構造を明らかにしてきた。野外調査成果の理論的とりまとめにも精力が注がれ、一九六〇年代にはクルーク（Crook, 1970）が、一九七〇年代にはクラットン＝ブルックたち（Clutton-Brook and Harvey, 1979）とランガム（Wrangham, 1980）が、一九八〇年代にはヴァン・シャイク（van Schaik, 1989）が、それぞれ記念碑的な成果をあげ、いくつかの有力な仮説を提出してきた。しかし、一九九〇年代に至って風向きが変わってきた。

実は、私たちは臥牛山で赤ん坊殺しを見たあと、論文を作っていた（岩野・福田、一九八五）。そこで、指摘していたことがある。

「霊長類の複雄群とは、群内のアカンボウをその父親たちである複数のオスたちが、他のオトナオスにたいして共同で防衛するシステムではないだろうか?」(同上、七三頁)。

この重要な問題について、この時点ではこのようにつぶやくように指摘しておくだけだった。しかし、その後、マダガスカルの原猿類を見ながら、この点について考え続け、ある確信を持つようになった。

「霊長類の社会構造はさまざまだが、そこになくてはならないのは赤ん坊をどのように防衛するかという機構なのではないか」と。

もっとも同じことは誰も考えるようだ。理論的な霊長類学者たちが、生態学から霊長類の社会構造を解き明かそうとしてきた従来の方法を離れて、子殺しを霊長類の社会構造を解き明かす重要な要因として考察し始めたのである(Sterck, *et al.*, 1997)。

この動向は、生態学の方向から霊長類社会に接近しようとしてきた研究者にとっては、ある種の衝撃を与えたようで、たとえば中川尚史さんたちは社会生態学の総説の中で、ジャンソンが二〇〇〇年に書いた論文「霊長類社会生態学—黄金期の終焉」(Janson, 2000)をとりあげて、

「(ジャンソンとヴァン・シャイクは)ともに霊長類社会生態学をリードしてきた。そんな人物が、自ら社会生態学に幕を下ろそうとしているともとられかねない題目である」

と危機感を募らせている。それでも、中川さんたちは「生態学的な要因だけで説明可能な部分に立ち返ったモデルの検証が急務である」(中川・岡本、二〇〇三)と頑張ってはいるが。

社会生態学的手法の問題

私自身、雑誌『にほんざる』第五号でヤクシマザルの特集をした時に、社会生態学の手法を使って、そのサルたちの群のサイズや構成の意味を解き明かそうとしたことがあるので、中川さんたちの研究方向は理解できる。しかし、この方向からニホンザルやそのほかのサルたちの社会を理解しようとして、いくつかの大きな問題にぶつかっている。

第一は、生息環境の記載とその評価である。サルの生活を記載するとき、いわゆる植生のような大雑把な把握方法では、サルの生活に対応できない。サルの生息環境を一本一本の木や草むらの集合として見ることが必要になるが、これはサルの観察以前の問題で、しかも諸分野の専門知識を必要とするので、共同研究としてしか実現しない。

第二に、その種の生態的地位（ニッチ）を決定する主食を明らかにしなくてはならない。ニホンザルは季節ごとに主要な食物が変化するからとらえにくく、食物一般を評価してもサルの生態に影響を与える要因を明らかにはできないことがある。生息環境の記載と評価は、一般的な植生図だけでは充分ではない。

第三は、その種の存在にかかわる赤ん坊を防衛する社会的行動が、生態的条件以上に、社会を構成する要件となることである。

第四は、オスとメスの性差が社会構造に影響を与えることである。マダガスカルの原猿類の社会ではメスの方が大きい場合もあり、真猿類とは社会的行動が異なっている。

第五は、人為的な影響がもともとのサルの生息環境を大幅に破壊していて、その種を形成してきた生態系が復元できなくなっていることである。これは、ジャンソンも指摘した点で、心ある霊長類学者は皆このことを知っていて、片方で自然保護をしなければ研究が意味をなさない状態になっている。

この最後の点について言えば、日本霊長類学は、そもそも「餌づけ」という人為的影響の極限から始まったのであるから、このあたりの感覚を研究者に理解させることもむずかしいだろう。餌づけは、環境破壊以上にサルの生活を壊すのだが。

この主題はいつまでも繰り返される。野生動物の研究では、自らのフィールドが破壊された自然か否かということを感じとり、探りあてる感覚こそが重要だからである。

このような視点から見れば、中川さんが『サルの食卓』(中川、一九九四)の中で、ニホンザルが群を作る利点について、「捕食者仮説」と「資源防衛仮説」の二つだけを取り上げて、「どちらが正しいか?」と言っているのは、社会生態学的限界とも言うべきものである。

私は『親指はなぜ太いのか』(島、二〇〇三)の中で、「ニッチは捕食者と関係しない」と主張したが、捕食者は群生活の利点とか不利益とかに関係しない。捕食される種がどのような防衛手段を持っていても、捕食者は捕食できるからこそ捕食者の位置にいるのであり、捕食される側の種は対捕食者戦略を生存の鍵にすることはない。捕食されることは生存の前提である。つまり、中川さんの二者択一の質問は、そもそも成り立たない。

生態研究者が、保護区を守りながら研究を息長く続ける決意が必要な時代

ともあれ、社会生態学の黄金期は確かに終わったかも知れない。これからの生態研究者は、片方で保護区を守りながら、片方で研究を息長く続ける決意が必要だろう。

しかし、霊長類の社会研究の流れが変わったのは、ただ赤ん坊の防衛をどのように社会構造論の中に織り込むかという問題だけではない。世界的な環境改変の波は、サルの住む林に確実に押し寄せていて、どこがもともとの環境だったのかが特定できないほどに深刻になったということがある。

さらに、サルの食物についても、果実食、葉食、昆虫食とかいう、旧態依然とした大雑把なまとめ方のままで、サルの形態に対する理解も不足しているという問題がある。私が、『親指はなぜ太いのか』の中で、「口と手連合仮説」として示したのは、ただ何を食うかだけではなく、主食の問題であった。

さらに、生態学ならば環境解析を地球的規模で統一がとれたものとしなくてはならない。そして、サルの形態、オスメスの犬歯の大きさの違いまで踏み込まなくてはならない。そうでないと、「私は生態学者、あなたは形態学者」という二〇世紀型の専門研究者の古いスタイルから抜け出られないだろう。それぞれの研究者が抜け出ないのは勝手だが、サルが理解できないのでは困る。

ニホンザルに見られる複雄群については、私は今のところ、こう考えている

マカカ属でオスが大きく立派な犬歯を持っている理由

ニホンザルが含まれるマカカ属は、熱帯から温帯のアジアに広く分布している（一種だけ北アフリカ）。このサルの特徴は、頑丈な顎とほお袋と小さな食物の摘み取りに適した器用な指先である。マカカ属の分布域は熱帯雨林まで広がっているが、もともとは熱帯のサバンナか、温帯の森林のような季節的な変動の激しい生態系に適応して生まれたサルだと、私は思っている。その生息地では、サルが食べることができる食物は、季節によって量の変動が激しいが、季節や場所ごとに食物がたっぷりあるという特徴を持っていたのだろう。そこでは、群のサイズが大きいほうが、競争相手の他の群に対しては有利である。

しかし、競合はただ数で決まるだけではなく、その構成員の能力にも左右される。それが「なぜ」起こったのかは説明できないが、マカカ属ではオスが大型化し、犬歯が巨大化した（注2）。

これによって、大きなオスを抱える群は圧倒的優位に立つことになった。それは、たくさんのメスがいる群よりも優位だったはずである。しかし、一頭だけの大きなオスという構造は、社会的には不安定である。そのオスが死んだときや弱ったとき、また複数のオスに攻撃されたときには群の防衛ができないという弱点をもつ。

マカカ属が複数の大きなオスを群に置く理由

もうひとつ、「なぜ」起こったかは説明できないが、ニホンザルタイプの群はもう一歩進んで、複数の大きなオスを群に置くというシステムをつくった。この社会構造の安定性は、実に傑出したものだった。赤ん坊が殺されるという例は絶無と言ってよい。これまで紹介した赤ん坊殺しは、すべて人為的な影響のもとで起こった「事件」にすぎない。これらのごくごく稀な事件は、これらの背後に赤ん坊を殺させない機構が、しっかりと備わっていることを逆に示していたのである。

そうすると、屋久島の小さなサイズの群にもオトナオスが複数いる理由は、明らかである。大型のオスが共同して赤ん坊を守る安定した社会を維持するためである。

赤ん坊が守られなくては社会は存続できない。ニホンザルでは相互に利害が異なるオトナのオスたちを常時複数置くことで、誰の赤ん坊であれ、共同して守るというシステムを作りあげたと言える。

そのシステムの最初の機能は、オスのコザルたちへの教訓であり、赤ん坊に手を出せば群をあげて攻撃されるという実地の訓練である。

オスたちは群を離れるが、それは実力のある用心棒を常時雇っておきたいという群のメスたちのたくらみであるかもしれない。やはり、雌雄の関係は新鮮なほうが、赤ん坊を守るにも力が入るのではないだろうか？　しかし、これは擬人的か？

子殺しの背景に、そのサルが置かれている人為的条件

子殺しの背景にある人間社会の影響を見たほうがよい

ごくごく注意しなくてはならない問題がある。複雄群で見られる子殺しでは、人為的影響の影が濃い。子殺しをしたマンガベイは飼育されたもので、オスが群の外に出ようとしても出られない。また、ニホンザルの例は餌づけされた状態で、餌場に止まっているほうが簡単に餌にありつけるので、餌場から離れる理由がない。

人為的な状態の問題については、これまであまり注意されたことがない。餌づけは「日本霊長類社会学」のお家芸であり、それによって初めて識別が可能になった経緯もある。しかし、先に紹介したビデオのオスザルたちの行動でも分かるように、サルの行動は実に微妙な関係で決まっている。人間が考える以上に、わずかなきっかけがサルの行動を変える。

サルの行動にもっとも大きな影響を与えるのは食物である。餌づけは、日本のサル社会学が世界に出たときに、もっとも批判されたことのひとつで、そのためにチンパンジーの餌づけは中止された。だが、今なおニホンザルの研究は餌場と飼育施設が中心である。

このような人為的な環境がどれほどサルの行動を歪めているかを測定する方法がないので、私たちはそこで得られたデータには、よほど注意して、ほとんどが嘘だというくらいの慎重さと疑いを

もって検査しなくてはならない。

だが、これはまだ分かりやすい。サルたちに餌を与えているからである。しかし、問題は自然に見える野生状態にもある。

完全な自然状態というものは、熱帯のジャングルの奥地でも今やほとんどない。野生のサルの研究と称しても、いつもこの人為的影響の深さの程度を測っていなくてはならない。サルは深刻化する人間の影響によって、日々変貌する環境に対応して、生活を変えている。

インドのハヌマンラングールでは、群にたった一頭のオスしかいない単雄群があり、そこでは子殺しが頻繁である、と報告されている。ここまで来ると、その子殺しの背景に、そのサルが置かれている人間社会の影響を見たくなる。しかし、まずは、その原報告を見てみよう。

注1：河合さんは「最優位への上昇」と書いているが、この用語には擬人的な風あいがあり、人間の側の価値観を示している。私も臥牛山事件の最初の報告には、不用意に「最優位への上昇」という言葉を使ったが。ニホンザルのオトナオスにとって、ボスザルの第一位という位置は確かにあるのだが、それが最優位なのかどうか、またその位置につくことが上昇というような価値観を伴っているかどうか、それはまたまったく別の問題である。
「最優位に上昇した」や、「タカはメスどもが服従しないという欲求不満のために攻撃性が内向し」は擬人化である。擬人化は説明を楽にするが、事実からは遠ざかる。河合さんはタカを捕獲し、私たちもまたヨナゴを捕獲した。

こういう手前勝手な人間の側の介入は、人間がよほど愚かなものだということを示している。その見方から言えば、カボを放置した地獄谷野猿公苑の管理は、はからずも「自然」だった。

注2：その原因は説明できないが、起こったことは間違いないという場合、科学者が取る道はふたつである。それは当面説明できる仮説をいくつか取り上げて、その中でより説明できる現象の多い方に軍配をあげておくという道と、問題点だけをあげて今後の研究方向を示すという道がある。多くの場合は、当面説明してしまおうという分かりやすい方法が選ばれる。一方、問題点だけあげておくという道は、専門家にも素人にもやや分かりにくい道である。しかし、敢えて問題を指摘するだけで、説明原理にまでに至ることなくすますというのは、そうとうに大変なのである。「イワシの頭も信心から」という諺があるように、ある包括的な原理を用意しておくと、説明するだけはできてしまう。説明しないまま残すというやり方は、すっきりしない印象を与えるかもしれないが、残すほうにはそうとうな覚悟が必要である。

その四　壊れた行動—種の行動原理の枠組が壊れたときに現れる

一九七四年に湯河原町で殺されたコザルの頭骨を見、一九八七年に臥牛山で個体識別を始めた段階で子殺しに直面した私にとって、子殺しの解明は生涯の課題になった。包括適応度仮説、性淘汰仮説、個体数調節仮説、人的攪乱効果仮説……など、さまざまな仮説と格闘した末に、私がたどり着いた子殺しの説明原理とは？

霊長類の子殺しは私にとって生涯の課題となった

子殺しは異様な行動で、たとえサルの行動であっても、実際に見た者は強い衝撃を受ける。私にとっては、雑誌『にほんざる』を創刊し、これからニホンザルの生態のデータを蓄積していこうと、活動を始めたばかりの時期にその衝撃を受けたために、子殺しの解明は生涯の課題になった。湯河原町の天昭山野猿公苑で採集されたサルの赤ん坊の頭骨に残された傷跡、特にオスの犬歯がえぐった頭骨の丸い孔は、今なお鮮烈な印象を保っている。そして、臥牛山では、個体識別を始めようとした矢先にヨナゴの子殺しを目の当たりにした。

どちらもまったく特別な事件で、自分の身の回りに起きたこのような事態を深く考えるようになったのは、当然のことだった。このような異様な行動をどう説明したらよいのだろうか？　この疑問は、心の底に沈めてきた。それは明るみに出すのが恐いほどの深刻な問題を孕んでいる、と直感したからだった。それからが長い道のりだった。

ハヌマンラングールの子殺しと初期の解釈

霊長類の子殺しについての最初の論文

霊長類の子殺しについて、最初の学術論文を発表したのは日本人だった（Sugiyama, 1965）。杉山幸丸さん（京都大学霊長類研究所教授）は、インドでハヌマンラングールを観察中に、群の乗っ取りとそれに続く子殺しを見た。一九六二年のことである。

図⑳　ハヌマンラングール。撮影＝延吉紀奉。

当時サルの子殺しは、大平山野猿公苑のニホンザルの例しか知られておらず、それも餌場での異常な事件にすぎないと考えられていた時代に、子殺しの意味を直視した意義は大きかった。

ハヌマンラングールの子殺しは単雄群で起こった

ハヌマンラングールはインド全域に分布するサルで、熱帯の乾燥地帯からヒマラヤ山中の積雪地帯まで、インドの寺院周辺を含むおよそあらゆる環境で生活できる。ヒンズー教の神の使い「ハヌマン」の名をつけられるほど、インド人の生活に溶けこんで大切にされているサルである。ハヌマンラングールは、分類上は同じオナガザル科だが、オナガザル亜科のニホンザルとはそうとうに離れたコロブスモンキー亜科で、木の葉食を中心にするサルの仲間である。このサルの親指は極端に短いものもあり、ほお袋や尻だこのない点で外見からもニホンザルと区別できる。

ハヌマンラングールは、ニホンザルとは違った群の作り方をする。ハヌマンラングールは、オトナオス一頭だけの単雄群や、地域によっては複数のオトナオスがいる複雄群を作る。当然の結果として、オスが余るので、オスグループが単雄群の周りを動いている。

杉山さんが見たのは、乾燥性落葉樹林が広がるインド南部の、ダルワールの町から少し行った道路沿いにすむハヌマンラングールの単雄群だった。その単雄群のひとつ、総頭数二四頭の通称「ドンカラ群」のオトナオスに、七頭のオスグループが攻撃をしかけて勝利し、もとからいたオスを追い払った。オスグループは群に入る唯一のオスになるために争い、勝利した一頭がドンカラ群の赤ん坊を殺し始めたのである。

五月三一日に始まった七頭のオスグループの殴りこみから一週間後、群は新しいオス、エルノスケのもとにまとまりを見せていた。しかし、そのころから群の赤ん坊に致命的な怪我が見られるようになり、八月四日までに赤ん坊五頭と一歳のコザル四頭のうち、すべての赤ん坊と一頭の一歳のメスが、エルノスケの攻撃を受けて姿を消した（杉山、一九八〇）。

この観察は発表当時、異常な行動として国際的に無視された

しかし、発表当時、この観察は異常な行動の一種として無視されたと、杉山さんは言う。

「国際的には論文と同時に、一九六四年にカナダのモントリオールで開かれた、霊長類に関する国際シンポジウムがあったんですが、そこで発表しています。しかし、発表が終わるとすぐに、司会者が、スギヤマの報告は、ハヌマンラングールの異常行動だと断定しました」(立花、一九九一、三七五頁)。

当時、子殺しはいわばタブーであり、誰しも、そんなことがまともな社会で起こるはずがないと思ったのである。しかし、ただ一人杉山さんだけは、これが単雄群ではふつうにありうる現象だと、当初から確信していた。彼はこのドンカラ群の子殺しの観察の最中に、隣接する群のオスを取り除く実験をして、やはり子殺しが起こることを確かめた(Sugiyama, 1966)。

霊長類で子殺しが観察されるのは実に稀なことなので、霊長類学は、正面切ってこの問題を取り扱うことを長い間避けてきたと言ってもいい。

杉山さんの論文が掲載されるまで、子殺しにいくらかでも関連のある論文は、霊長類学全体でみても四論文にすぎない。また、杉山さんの論文が発表された六〇年代全体を通してもわずかに一〇論文と、この領域について霊長類学者の関心が低かったことを示している。しかし、その後の経過は、違ってきている。それは論文数で表すことができる。

霊長類の子殺しに関する論文数の推移

一九六〇年代から最近までの論分数を、ウィスコンシン大学霊長類文献サービスによって表にまとめてみよう。

年代	論文数
一九六〇年代	一〇
一九七〇年代	六四
一九八〇年代前半	八九
一九八〇年代後半	九四
一九九〇年代前半	一五〇
一九九〇年代後半	一九五
二〇〇〇年	八九
二〇〇一年	六九
二〇〇二年	二八＊

（＊二〇〇三年末の論文登録確認数）

チンパンジーの子殺しも、西欧文化の中では異常行動だとしか理解されなかった

子殺しが霊長類学の領域で重要視されるようになったのは、チンパンジーの子殺しが観察されてからであるが、またしても最初に子殺しを観察したのは日本人研究者だった。

鈴木晃さん（京都大学霊長類研究所）は、伊谷さんとともにウガンダのブドンゴの森でチンパンジーを観察中の一九六七年一一月一三日に、群のもっとも大きなオスが赤ん坊の死体を持っていて、それを食べるのを観察した（Suzuki, 1971）。

一九七一年九月には、タンザニアのゴンベでオスのチンパンジー五頭が出会った二頭のメスを襲って、赤ん坊を取り上げて食べたことがバイゴットによって観察された（Bygott, 1972）。

鈴木さんの観察では、赤ん坊が襲われるところは観察されていないために、子殺しよりも肉食に重点が置かれているし、バイゴットの場合も赤ん坊が取り上げられた瞬間は観察されていない。襲われたメスはそれまでの数百時間の観察の中でも見たことがないメスで、それといっしょにいた若いメスは赤ん坊を持たず、バイゴットのよく知っているメスだったという。

両論文とも肉食に重点をおいて考察していて、鈴木さんは「単なる事故ではないはず」と指摘し、ハヌマンラングールの子殺しの例とは、「社会的な興奮があった」点が共通すると考えている。

これに対してバイゴットの考え方はいかにも西欧流で、チンパンジーは他の動物を捕食するが、狩りが低い頻度に留まっているのは、その行動をチンパンジーが最近獲得した証拠であり、子殺し、共食いのような「異常行動は、自然淘汰される時間が足りなかったのだろう」と結論している。こうなると、自然淘汰とは便利な言葉である、と言うしかないが……。

鈴木さんは考察の最後に一言だけ付け加えている。

「ロパーが言うように（Roper, 1969）、もし種内での殺しが人類で一般的で、必然的だとすれば、チンパンジーの赤ん坊食いは霊長類一般よりも人類に共通する行動として考えることもできよう」と（同上、四四頁）。

この考察は、鋭いものだった（本書、「その七」に続く）。

この段階まで、西欧文化の中で、サルの子殺しはまだまだ異常行動だとしか理解されていなかった。しかし、日本人のサル研究者が、それを奥深い問題だと一様に感じていたことは特筆すべきである。

子殺しの問題が世界の霊長類学の第一線の議題になって

子殺しの問題が世界の霊長類学者の間で第一線の議題にのぼるようになったのは、一九七〇年代前半にハヌマンラングールによる子殺しが再確認され（Hrdy, 1974）、一九七〇年代後半にチンパンジーの子殺しと共食い（カンニバリズム）が繰り返し観察されるようになったことが大きい（Goodall, 1977; Nishida, *et al.*, 1979）。

この流れの中で、杉山さんは子殺しについての世界で最初のまとまった本『子殺しの行動学』を世に問うことになる（杉山、一九八〇、改訂版一九九三：注1）。

迷走する子殺しの解釈

ハヌマンラングールの子殺しに対するさまざまな解釈

杉山さんが目撃したハヌマンラングールの子殺しは、オス・グループの一頭が単雄群のオスに攻撃をしかけて、一五日間をかけて群を乗っ取り、約一か月の間に、群にもともといた赤ん坊すべてを殺したという事件である。

こういう事件はなぜ起こるのか？　杉山さんの考えは、時を追って変わってゆく。

最初は、「攻撃する雄自身の気持ちになって」みて「関心ある雌に対する荒々しい性の意思表示だったのだ」と考えた（同上、一三三—一三四頁）。しかし、これはいかにも説明にならないので、「個体数調節仮説」を、杉山さんは試みている。それは、ダルワール周辺のハヌマンラングールの密度の高さのためではないか?と。子殺しは「個体群あるいは地域社会全体としてみると、増えすぎを抑えて共倒れを防ぐという効果を持っているのである」と。そして、人間社会の「産児制限だって同じこと」だと考える(同上、二五三頁)。

しかし、杉山さんはさらに考えを変えて、ハヌマンラングールの子殺しをオスの繁殖成功度によって説明するフルディーの説(Hrdy, 1977)に傾く。

「フルディ説に始まる究極要因論の根幹に異論はない。子殺しは、あくまでも個々の雄が自分の包括適応度をあげようとする行為である」(同上、二八三頁)。

包括適応度とは何か?

包括適応度とは何か? これは、二〇世紀半ばに一九世紀のダーウィン哲学を蘇らせた学説だと言ってもいい。ダーウィンの「自然淘汰」学説は、「最適者の生存」によって一切の生命現象を説明しようとしたが、論理的にも現実的にも「何が最適なのか?」という問いに答えることが難しかった。しかし、包括適応度論によれば、たくさんの子孫を残すことができる個体が「最適者」だと簡単明瞭に定義できる。ダーウィン進化論は二一世紀まで存続できるかどうか危なかったが、この包括適応度理論によって生き残ることができたと言ってもいい。

杉山さんは、この論を適用してハヌマンラングールの子殺しを説明し、

「結局、極度に抑圧された性的欲求から雌の獲得へという私の最初の説明から、雄間の繁殖競争のとくに激しい個体群で自分の繁殖効率を高めるための行為という、より広い基盤で(フル

ディーの論と?）一致することになった」（同上、二九二頁）とまとめた。

しかし、杉山さんは、やはり自分の観察したハヌマンラングールの事例にこだわっている。さまざまなサルで子殺しが観察されるようになって、「種内子殺しが生物学のなかで真剣に取り上げられなければ」ならぬと指摘しながら、「チンパンジーをのぞくほとんどすべての例において、基本的な枠組みはハヌマンと同じだった」（同上、二七九頁）と言う。

その意味は、「第一に単雄群構造があり、第二に高い生息密度がある」（同上、二九三頁）という認識である。つまり、いろいろなサルで子殺しが見つかったが、基本はハヌマンラングールにあり、それもダルワールにある、という姿勢である。これは分からなくもない。誰しもたまたまでも最初に自分が見たことが世界的発見ならば、それが世界を説明すると考えたい。しかし、こうなると、いろいろな事実が逆に切り捨てられる。

第一に、ヒヒ類、ニホンザル、チンパンジーなどの例に見られる複雄群での子殺しが切り捨てられる。第二に、クロキツネザル、チンパンジーなどの例に見られる雌による子殺しが切り捨てられる。そして、最後に密度に依存しない子殺しがなぜ起こるのかが切り捨てられる。

包括適応度ですべてが説明できるわけではない

今、求められるのは、こうした子殺しの事例を切り捨てない説明である。

もっとも、杉山さんのこの三〇年間の思索の経過は、サルの子殺しを説明するのはこれほど難しいことなのだという見本でもある。私にとって、さらに興味深いのは、杉山さんが最初に思いつきながら、「一つのうがった見方」だが「何の説明にもならない」として捨てた理論のことである。その見方とは、

「つまり、乗っ取りは自分の子孫をこそより多く残すために、雌だけを残して他を一掃し、その上で我が子を最短期間で最大限つくり上げようとしたものである。……この見方は結果論として大変うまくできている。より優れた個体がより多くの子孫を残すはずだと信じている自然淘汰論者には絶好の材料だし、私自身も一時はそう考えてもみた」（同上、一三二—一三三頁）

という議論である。これは包括適応度論そのものではないだろうか？　そして、なぜこのことを杉山さんは最初に思いついていながら、「これでは、何の説明にもならない」と考え捨てたのだろうか？

私には、むしろそちらのほうに興味がある。日本霊長類学第二世代の杉山さんとしては、ダーウィン進化論に生涯反対した今西錦司さんへの配慮があったのかもしれず、これはダーウィン流の自然淘汰理論だから、何の説明にもならないと思ったのかもしれない。しかし、どうもそれ以上のものがあったような気がする。日本人にとっては、生命を効率で説明する西欧流の理論は、たとえ当面の説明には有効に見えても、心の底からは納得できない、というところである。この点は、非常に重要だと、私は考えている。

ともあれ、杉山さんは世界を席巻しているフルディーらの理論に同意したようである。では、その理論とはどんなものか？

子殺しを説明する性淘汰理論とはどんなものか?

最初の子殺しについての学会は性淘汰理論の影響下にあった

一九八二年に、子殺しについての最初の学会が、アメリカのコーネル大学で開かれた（Hausfater and Hrdy, 1984）。フルディーとハウスファーターが主催し、ウェンナーグレン財団が援助したこの会議には、各種の専門家があつまり、昆虫や魚類や両生類の「共食い」、鳥類や哺乳類の同種殺しにはじまって霊長類のいろいろな種での子殺し、共食い、そして人間の赤ん坊殺しまでを議論していた。

霊長類の子殺しに始まった問題を、そこまで掘り下げて位置づけてみようというこの試みは、きわめて重要なものだった。

たしかに、それまで、子殺しが生物学の重要な現象として考えられることはなかった。鳥類ではヒナ同士の間での殺しがあることは観察されていたが、他の同種殺しとは別の問題だろうと考えられていたし、共食いや実験室でのネズミの子殺しは、飼育条件下の過密によるものと簡単に決めつけられていた。つまり、子殺しは病的なものであるか、それとも過密条件を生き残るための適応だろうという二つの説明しかできなかった。

「だが」と、フルディたちは言う。「子殺しは繁殖生物学と社会行動を形づくる重要な役割を持っている」と（Hrdy and Hausfater, 1984）。

動物世界の子殺しに対するフルディーたちのカテゴリー

彼らは動物世界の子殺しを五つのカテゴリーに分類する。

第一、幼生の（食物）資源としての利用（共食い）。

第二、資源をめぐる競争（殺し屋やその類縁により多くの資源が得られる）。

第三、性淘汰。将来の交尾相手の子供を殺すことで、殺し屋自身の繁殖機会を改善する。

第四、親がその子孫を操作（子殺し）する。それによって親の繁殖成功度をあげる。

第五、社会的に病的な行動（これについては、彼ら自身で「第四が、適応的であるわけもないから」と付け加えている）。

第六、「子殺しは選択的には中立という見方もできる。しかし、多くの理由でこの見方は非常に問題が多い」（同上、xvi頁）（「選択的に中立」とは、それが適応的でも非適応的でもない、というほどの意味で自然淘汰の圧力を受けない行動や形質をいう）。

第一の共食いは、動物界を見渡すとそれほど珍しいことではない。たとえば、サンショウウオはちいさな水たまりで孵化し、成長して陸棲の親になるが、共食いは必然である。私のフィールドである房総丘陵の尾根筋に、二軒の農家が使うだけの量の湧き水をためた貯水槽があり、春先になると、そこにトウキョウサンショウウオが卵を産む。幼生はその食物の少ない水中を泳ぎ、より小さい幼生を呑みこんで大きくなった。そのように兄弟を食物にして、陸上生活者に変態できるほど成長したものが、親になる。

マダガスカルのヌシ・マンガベ特別保護区では、たまたまオトナに出会ったカメレオンの子供は、オトナの長い舌に捕まって、あっという間に呑みこまれてしまった。これらの両生類、爬虫類では、同じ種かどうか、という判断よりも、呑み込めるほどの大きさの食物かどうか、という判断が優先されるようだ。

第二の資源をめぐる同種殺しには、ワシ・タカの仲間ではよく見られ、早く孵ったヒナがまだ孵らない卵を壊したり、遅く孵ったヒナをつつき殺す事例がある。この本に引用された鳥類学者ガージェットのワシの観察記録は劇的なもので、最初に生まれたヒナが四日遅れで生まれた第二のヒナをつつき、一日目に二八七回、翌日は六三二回、三日目に六五九回つついて、ついにつつき殺している（Gargett, 1978）。

第三の性淘汰は、子殺しに適応的行動として意味づけをする。いろいろな限定つきではあっても「霊長類に見られた子殺しは正常であり、個体の適応的行動である」（Hrdy and Hausfater, 1989, xi頁）と結論する。

フルディーたちは、第四以下の異常な行動や「選択的に中立」な行動については、特に説明をしない。それらは、生物学として検討する対象ではないからだと言う。

その四　壊れた行動―種の行動原理の枠組が壊れたときに現れる

子殺しの説明に「性淘汰」の概念をなぜ使うのか分からない

それでは、彼らが主張する「性淘汰」とはどんなものか？

「性淘汰」の概念は、ダーウィンが『種の起原』(Darwin, 1859) の中で初めて提唱し、『人間の由来』(Darwin, 1871) の中で大々的に展開した。それは、シカの角や鳥の羽の色のように、オスとメスとで色や形が違う形質がどうして生まれるのかを説明する原理だった。このような直接生存に関係しない形質は、「自然淘汰」では説明できないからだった。

しかし、子殺しの説明になぜ「性淘汰」の概念を使うのか、私にはよく分からない。性淘汰とは、みずからの性にとって好ましい形質、あるいは意味のある形質の異性を選択することだった。これを行動に適用し、この場合はオスにだけ好ましい子孫を残す繁殖方法であり、オスに偏利的な繁殖戦略であるという意味で「性淘汰」と呼ぶのだろう。

だが、これはオスの特別な繁殖戦略というだけで、自分の子供を殺されることはメスにとっては絶対的に避けたい選択であろう。

子殺しによって、ハヌマンラングールに「子殺しタイプ」ともいうべきオスのグループが現われ、それがハヌマンラングールのオスの特徴として有力になった、ということなら、他のハヌマンラングールでは子殺しがない、という事実をどう説明するのだろうか? ハヌマンラングールにも、複雄群があり、そこでは子殺しは起こっていないのだから。

そもそも、ハヌマンラングールで子殺しが見られているのは、フルディーが調査した時点では、杉山さんのダルワールと、フルディーのアブーのほかには、ジョドプール(アブーの北)以外の記録はない(Bogges, 1984)。しかし、ハヌマンラングールの生息地はその他にもあり、フルディーが記録をとりまとめた時点までに調査した地点だけでも一〇か所もある（Hrdy, 1977a)。

ハヌマンラングールの子殺しの見られる地域の特徴

それではここで、フルディーのあげた一覧表（Hrdy, 1977a、Table 3.4 &3.5）を使って、子殺しの見られた三か所と、子殺しの起こっていない一〇か所とを比較し、生息環境の特長を見比べてみよう。

ハヌマンラングールの生息環境—子殺しの見られる地域と見られない地域の特徴

子殺し地域

	密度／km	人為的影響	群サイズ	行動域km	群構造
ジョドプール	一八	強い	三五(八—八二)	〇・六—一・三	単雄群
アブー	五〇	強い	二一(一五—三〇)	〇・三	単雄群八〇%
ダルワール	八四—一三三	強い	一四—一七	〇・二	単雄群七四%

非子殺し地域

ネパール1	一六	弱い	三二	二・一	複雄群
ネパール2	一	普通	一一	一二・七	単雄群三三%

ビムタル	九七	強い	二三(一五—三〇)	〇・二	単雄群三三%
サリスカ	一〇四	弱い	六四(三〇—一二五)	〇・六	単雄群
カウコリ	二・七	強い	五四	七・八	複雄群
ギール	—	弱い	三〇(一六—四八)	—	単雄群四四%
オルチャ	二・七—六・〇	弱い	二二	三・九	複雄群
スリランカ	一〇〇—二〇〇	強い	二五(一二—四二)	〇・二五	単雄群二七%
シムラ	二五	強い	四八	一・九	単雄群二五%
シングール	五—二〇	強い	一三	〇・〇四	単雄群

フルディーがハヌマンラングールを観察したアブーは、インド北西部の、北緯二五度、標高一一五〇〜一二四〇メートルの山地の亜熱帯落葉森林であり、杉山さんの研究したダルワールは、インド南部の、北緯一五度二七分の熱帯にある標高五〇〜七六〇メートルの乾燥した低地である。しかし、どちらも人為的影響を強く受けている場所であることには変りはない。フルディーがアブーで撮った写真には、どこにでも人家が見えるし、「ラングールは市場の残飯あさり」という標題の写真さえある（Hrdy, 1977b)。

また、杉山さんは、ダルワールのドンカラ群の生息地を、

「ダルワール—ハリヤール道路の一三・八〜一五・一キロ間と、一五キロ地点で道路と交錯す

るベダティハラ川の両岸に茂る貧弱な川辺林。これがドンカラ群の行動息の二つの軸だった。この二つの軸を取り巻く草原、畑、そこに点在するマンゴウなどの木は、……主要行動域の外であった。それは村人の飼っている犬や野生のジャッカル、ワイルドキャットの襲撃という危険の多いわりには、食物の少ない場所なのである」（杉山、一九九三、九六頁）
と記している。このような生息環境を考えると、フルディーが「人為的影響が強い」と分類した場所がどんなものかが分かってくる。

子殺し地域では、人為的影響が強く、単雄群の割合が高い

子殺し地域では、人為的影響が強く、単雄群の割合が高いことが共通の特徴である。逆に、非子殺し地域で、こうした条件の場所は東インドのシングールだけである。ここは街中だから、捕食者が少ないということだが、強く餌づけされ保護されている場所だ。例外的に狭い行動域がそれを物語っており、たぶんオスグループが生息できないのではないだろうか？

シングールを例外として除けば、人為的影響の強い場所で、単雄群の割合が多いことが子殺しが発生する理由だと言えないだろうか（最近になって複雄群での子殺しが、南ネパールのラムナジャーと、インドのカンハ森林で観察された。Borries, 1997）。

付け加えれば、杉山さんの主張するサルの過密は子殺しとは関係がなく、子殺しに密度調節という意味はない。杉山さんは、過密と単雄群の構造そのものが、オスの競争の厳しさを招く条件だというが、そうではなくて、人為的影響の強さがサルに影響し、単雄群の誕生に関係するとは考えられないだろうか？　私はどうしても、単雄群が多くなる地域における人為的影響が気になるのである。

フルディーは自分の仮説の背景にダーウィンの権威を潜ませた

フルディーは自分の仮説の背景にダーウィンの権威を潜ませたのではないだろうか？「子殺しをしたオスだけに都合のよい繁殖戦略」と言えばすむところを、「性淘汰」と表面に出して、自分の仮説の受けをよくしただけなのではないか？

フルディーとハウスファーターの性淘汰議論では、以下のように予測する。

「(1)子殺し行動は遺伝的である。(2)子殺し者は殺した赤ん坊の父親ではない。(3)平均的に、子殺し者は赤ん坊が生きていた時よりも、早くその母親に性的な交渉を持つことができる。(4)子殺し者の繁殖上の利点は、平均的な在群期間と死亡時点での赤ん坊の年齢との関数である」（同上、xix頁）。

第四の予測の意味は、オスが四年間群にいられれば、初めに殺される赤ん坊の年齢が半年だとすると、三年半の間に生まれる赤ん坊の数がそのオスの得点となるということである。最後の半年の間に妊娠する自分の赤ん坊もまた殺されるのだから、それを引き算しなくてはならない。

だが、この計算を実際にやってみると、単純な足し算引き算によって子殺しの利点が否定されてしまう。

ハウスファーターの計算は健全である

フルディーの共著者であるハウスファーターは、この計算をしている（Hausfater, 1984）。ハウスファーターは、タンザニアのアンボセリ国立公園のヒヒの長期モニターシステムのガイドを作ったり、イリノイ渓谷の初期植生の著書を著したりしている博物学者だが、彼の動物行動への理解はまともだった。

「結局、霊長類の子殺しは両性間の、また両性の中での競争の矛盾を集約している。たった一頭の子殺しオスがいるだけで、群のすべてのメンバーは繁殖成功度を切り下げることになる。しかし、一度そういうオスが入ると、子殺しオスは子殺しをしないオスに比べると有利な位置にたつ。（中略）

現代行動生態学の他の多くの例と同じく、ラングールの子殺しの分析は、優勢となった次の概念を支持している。すなわち、進化は『種にとってよい』行動に味方しない。むしろ、個体にとってよい行動、そしてさらに、ただ短い期間にだけ「よい」行動に都合よくなっている、と」（同上、二八一頁）。

だからこそ、彼がフルディーと編集した本のとりまとめでは、次のように言わざるを得ないのだ。

「赤ん坊が殺されてから、その母親が次に妊娠するまでの間がどんなに短くても、子殺しはオスのとる方策としては筋がとおっていない。それゆえに、季節的繁殖をする種ではいうまでもなく、また環境的あるいは社会的要因があってメスが直ちに繁殖に戻れない場合にも、性的に選択的な子殺しは稀にしか見られないだろう」(Hausfater and Hrfy, 1984b, xxiii 頁)。

子殺しが起これば赤ん坊の数は減るに決まっている。メスにとってだけでなく、オスにとっても不都合なことははっきりしているのに、「性淘汰」や「包括適応度」という論理を持ち出して、合理化を試みる。あきれたことに多くの学者は、こうした概念がひっぱり出されたとたんに、常識を失い、足し引きの算術さえも失ってしまう。せっかく、生まれた赤ん坊が殺されているのに、「適応度」がどこにあるものか!

ヴァン・シャイクの新しい論文集をめぐって

霊長類の子殺しの情報が集まって

だが、性淘汰の影響は根強い。この記念碑的な「子殺し」論文集から一五年以上もたって、新たな子殺し論文集が出た(van Schaik and Janson, 2000)。

この論文集は、フルディーらのものと違って霊長類の子殺しに集中している。それだけ霊長類の情報が集まったということでもある。現在までにオスによる子殺しが確認されたサルの種は三八種にのぼる。

以下の資料は、ヴァン・シャイクが二〇〇〇年に発表した一覧表の Table 2.1、Table 2.2 と、ウィスコンシン大学霊長類文献サービスの二〇〇三年までの論文資料から、筆者がまとめたもので、サルの和名は岩本光雄（一九八五—一九八九）に、マダガスカルの原猿類の分類と和名は島泰三（二〇〇三）に準拠した。

表　これまでに観察されたサルの子殺しの総覧（子殺しの試みも含む。飼育下を除く。ヒトを除く）

1．原猿類（マダガスカル）

(1)　キツネザル科　一〇種中三種（三〇・〇パーセント）
ワオキツネザル *Lemur catta*、ジェントルキツネザル *Hapalemur griseus*、ブラウンキツネザル *Eulemur fulvus*、クロキツネザル *Eulemur macaco*
(2)　インドリ科　七種中二種（二八・六パーセント）
カンムリシファカ *Propithecus diadema*、ヴェローシファカ *Propithecus verreauxi*
(3)　メガラダピス科　七種中一種（一四・三パーセント）
ミルネドワルイタチキツネザル *Lepilemur edwardsi*

2．広鼻猿類（中南米）

(1)　マーモセット科　一七種中二種（一一・八パーセント）
セマダラタマリン *Saguinus fuscicolis*、エンペラータマリン *Saguinus imperator*
(2)　オマキザル科　二八種中六種（二一・四パーセント）
ナキガオオマキザル *Cebus nigrivittatus* (*olibaceus*)、ノドジロオマキザル *Cebus*

capucinus、マントホエザル *Alouatta palliata*、ブラウンホエザル *Alouatta fusuca*、クロホエザル *Alouatta caraya*、アカホエザル *Alouatta seniculus*、グアテマラホエザル *Alouatta villosa* (*pigra*)

3. 狭鼻猿類（アフリカ・アジア）

(1) オナガザル科　七八種中二一種（二六・九パーセント）
(a) オナガザル科オナガザル亜科オナガザル連　二〇種中五種（二五パーセント）
サバンナモンキー *Cercopithecus aethiops*、モナモンキー（の西部亜種）*Cercopithecus cambelli*、アカオザル *Ceropithecus ascanius*、ディアデムグエノン *Ceropithecus mitis*、パタスモンキー *Erythrocebus patas*
(b) オナガザル科オナガザル亜科ヒヒ連　三二種中一一種（三四・四パーセント）
タナリバーマンガベイ *Cercocebus galeritus*、アカゲザル *Macaca mulatta*、タイワンザル *Macaca cyclopis*、カニクイザル *Macaca fascicularis*、ニホンザル *Macaca fuscata*、トクモンキー *Macaca sinica*、アヌビスヒヒ *Papio anubis*、キイロヒヒ *Papio cynocephalus*、チャクマヒヒ *Papio ursinus*、マントヒヒ *Papio hamdryas*、ゲラダヒヒ *Theropithecus gelada*
(c) オナガザル科コロブスモンキー亜科　二六種中六種（二三・一パーセント）
アカコロブス *Colobus badius*、アビシナコロブス *Colobus guereza*、シルバールトン *Presbytis cristata*、ハヌマンラングール *Semnopithecus* (*Presbytis*) *entellus*、カオムラサ

キラングール *Presbytis senex*（あるいは *P. vetulus*）、トーマスリーフモンキー *Presbytis thomasi*（テングザル *Nasalis larvatus* にも子殺しがあるらしいが、原論文を確認できないので、参考として）
(2)オランウータン科　四種中二種（五〇パーセント）
ゴリラ *Gorilla gorilla*、チンパンジー *Pan troglodytes*

霊長類の子殺しの総覧から見えてくること

この霊長類で見られる子殺しの総覧（注2）から、現在の時点で言えることがいくつかある。

①原猿類では子殺しがまれである

夜行性の原猿類では、野外観察ではイタチキツネザル以外では、子殺しが見られていない（たとえばロリス科、コビトキツネザル科、アイアイ科）。これは観察そのものが難しいためで、例外的な事件である子殺しがなかったということではない。

しかし、昼行性のマダガスカルの原猿類だけを考えても、そこでは子殺しはまったく稀である。

②分類群による子殺しの相異

分類群によって、子殺しが見られるものと、ほとんど見られないと言ってよいものがある。たとえば、マダガスカルの原猿類のほかには、マーモセット科（中南米の広鼻猿類）がある。これは、広鼻猿類の小型種と言えるが、観察例は多いけれども子殺し種は少ない。また、小型類人猿のテナガザル科でも子殺しはなかった（フーロックテナガザル *Hylobates hoolock* については、疑問があるが)。

逆に、大型の類人猿ではオランウータン科の半数の種で、子殺しが観察されている。そして、ヒト科の一種ヒトでは子殺しはそうとうに普遍的である。つまり、これらの大型類人猿の仲間では、子殺しの割合は他のサルの分類群に比べると高い(種数そのものが少ないので、割合をパーセントで表すことに意味はない)。

さらに、同じ分類群の中でも、子殺しが見られない種と見られる種とははっきり分かれる。たとえば、大型類人猿では、ボノボ(ピグミーチンパンジー)ではまったく子殺しがない。

つまり、子殺しの起こる割合には、大きな分類群による違いだけでなく、種による違いがある。

③子殺しは、特定の種では繰り返し観察され、恒常的である

子殺しは特定の種では、繰り返し観察され、恒常的に行われている。

たとえば、ハヌマンラングールでは、その例数は一〇一例に達する。第二位はアカホエザル(一〇例)だが、この二つの種がいずれも葉食であること、実質的に繁殖にかかわるオトナオスがひとつの群れに一頭であるという共通の特徴がある。また、群れの赤ん坊と三歳までのコザルの生存率が二五パーセント以下と低いことも両種に共通する特徴である。


ヴァン・シャイクたちも私と同じ認識に立つが、説明原理は異なる

これらの問題点をジャンソンとヴァン・シャイックたちはどうとらえているのだろうか?

実におもしろいことに、彼らの論点も私の以上のとりまとめに近い(Janson and van Schaik,

2000.)。

違っているのは、彼らは原論文に徹底的にあたって、そこからデータを引き出し、それを数値化し、統計処理をして、結論を導いていることである。そういう真摯な、科学的な整理ととりまとめを見ると、こちらは漠然と感想を述べているにすぎないのではないか、という索然たる思いにとりつかれる。

それはともあれ、彼らにとっても、もっとも中心的な課題は「どうして霊長類では、ある種では子殺しがあって、ある種にはないのか?」という疑問である。そこには、子殺しが霊長類だけではなく、哺乳類全般ではもっと一般的に見られるはずであり、ただの事件というようなものではないのだという認識がある。

この基本的な認識は、子殺しの現場を見たもの、あるいは霊長類の子殺しについて長く考え続けてきたものでなければ、理解されないかもしれない。

子殺しに対するヴァン・シャイクたちの説明―子殺しを有効に防ぐのは群サイズに対するオスの割合

ジャンソンとヴァン・シャイクたちの説明原理は、まったくダーウィン流である。

第一、オスによる子殺しは繁殖戦略として説明でき、性淘汰仮説を支持できる。

第二、霊長類や哺乳類の子殺しには、予測できる子殺し危機に関係する要素をあげることができる。それは、妊娠期間に比べて授乳期間が長いこと、一産子数が多いこと、利他的行動、保護者のいないような社会的要因、ことに繁殖オスの交替の率などである。

第三、メスもまたオスによる子殺しを阻止するための行動を発達させている。

第四、メスによる子殺しもある。これには、性淘汰の例は少ない。

彼らの結論は、性淘汰仮説を擁護しながらも含みを残しているが、第二の結論は哺乳類全体にまで議論を広げた結果、焦点をぼかすことになった。そして、第三と第四の結論は、子殺しが「性淘汰」と呼べるような事件か、ということを改めて考えさせる。

彼らはいろいろな社会生態学的データを集め、それを統計的に処理して、どういう要因が子殺しを説明するかを検討する。

その結果彼らは、子殺しを有効に防いでいるのは、群の中のオスの頭数、それも群サイズに対するオスの割合の高さによるものであることを示した。果実食の種よりも、葉食の単雄群で子殺しが多いことをも認めている。しかし、マダガスカルの原猿類で子殺しがほとんど見られないことについては沈黙を守っているし、チンパンジーの群間の子殺しについては、何も触れていない。


性淘汰は、殺される子とその両親の不利益を考えなければ適応的行動と言えるが……


では、議論の分かれる「性淘汰」とは、何か?

「性淘汰」とは、結局、オスの子殺しを、オスが自分の子を、早くたくさん残すための行動であると解釈する理論である。この理論は、子殺しをしたオスが実際に自分の子を残しているからという積極的な事実と、他の解釈が成り立たないからという反証によって成り立っている。しかし、ヴァン・シャイクたちも認めるとおり、ごく稀に見られるメスによる子殺しと、チンパンジーによる群間の子殺しとし、そして、彼らはまったく触れもしないが、人間の特別な子殺しについては、このような「性淘汰」による説明はまったく無力である。

子殺しを説明する仮説には、「病的社会行動説」、「オスの攻撃による巻き添え説」、「肉食利用説」、「資源競争説」、「養子排除説」、「将来的ライバル消去説」などなどがある。しかし、どれも「性淘汰」仮説ほどには、一般性をもたない。たしかに、「性淘汰」仮説は、子殺しをするオスの行動をよく説明する。たった、一点、その子とその両親の不利益を考えなければ、適応的行動であろう。しかし、子殺しはヴァン・シャイクたち自身が、「あまりに子殺しの率が高い場合は、その個体群の崩壊をもたらす」というほどの問題を含む行動であり、いったいそのどこに適応性があるのだろうか？

人的攪乱効果仮説

個体数の密度についても、彼らは問題を提起している。杉山さんが二度目に主張した、高い密度が子殺しを誘発するという考えは、その後いろいろなデータから反論されているが、高密度化が人為的攪乱の結果だということになると、問題は複雑である。この点を指摘した人がいる。人為的攪乱効果仮説（Sterck, 1998）である。

人為的攪乱効果とは、単に木が切られて環境が破壊されるとか、イヌが入って捕食されるとか、狩猟が行われるとかといった直接的効果だけではない。ジャンソンとヴァン・シャイクたちもまた、この点に気づき、観察地が保護区で守られていても、周辺の森林が破壊されるとサルは自然の拡散ができず、その場所に集まるようになり、その結果、子殺しが増えるという現実を指摘している。

研究は無害だと思っていても、それは人間側の勝手な思いこみで、追跡されるサルのほうは、研究か狩猟かに関わらず強いストレスを受ける。まして、観察ルートが開設されれば、そこをイヌが走る、ウシが通る、ネコも利用する、もちろん人は立ち小便をするなどの、もろもろの問題が生まれる。

ニホンザルのボスザルの行動でも分かるとおり、自分に観察者をひきつけておいて、その間に他のサルに農作物を食べさせるなどという高等な頭脳の使い方をする。そのすべてが、人為的攪乱効果なのである。

ウガンダのキバレの自然林での、アカコロブスの子殺しをどう説明するのか？

だが、人為的影響を重視する立場に、有力な反撃がある。ウガンダのキバレの森で一九八二年に観察されたアカコロブスの子殺し事件である（Struhsaker and Leeland, 1985）。キバレの森にすむアカコロブスの群れサイズは二八頭以上七〇頭以下、オトナオスの数は二頭以上七頭以下、オトナメス三頭から一六頭である（Struhsaker, 1975）。

その群生まれのオスが、四頭の赤ん坊を殺したという事件だ。ストルーゼーカーたちは、アカコロブスは父系の社会構造でオスが群に残ること、熱帯雨林の保護区の中にあって人為的影響の少ない環境で見られた珍しい事件であることを報告して、この子殺しが性淘汰仮説を支持すると結論している。

アフリカの熱帯雨林で、人為的影響が少ないとなると、インドのハヌマンラングールのような人波にもまれている状態とは違う。生息環境を調べてみると、群の行動域の一画は外来種のマツの植林地だが、過去一三年間、そこに自然林が広がってきており、この群は拡大する自然森でかなりの時間を過ごしたというのである（同上、九〇頁）。

この群は一九七〇年以降研究されているが、それまでこのような事件は知られていなかった。この子殺しをしたホワイティというオスは、子供の頃から目立つ個体で、通常よりも明らかに成長が早かったという（同上、九二頁）。

この群には、交尾可能な四頭のオスと一三頭のメスがいた。子殺しは一九八二年五月から一〇月までに起こったが、ホワイティは、それ以前に交尾をしたことがなかった。しかし、子殺しの期間中、ホワイティの交尾頻度は、他の三頭を圧倒し、四頭全体の五一・三パーセントに達した（同上、九六頁）。

このホワイティの攻撃に対して、残りの三頭のオトナオスがまったく無力で、しかも子殺しのあと、ホワイティが優位オスとして声を出し、木ゆすりを堂々と行ったということは、ニホンザルの大平山の群の例を思い出させる。あの場合も、群生まれのオスが、若くして優位に立ったのである。そのときに、子殺しが起こっており、このアカコロブスの場合とまったく変らない。違うのは、それが餌場の中であり、こちらは密林の中である。

優位に立ったオスは、赤ん坊を防衛するオトナオスとメスの連合した力の弱まりを感じたときに、「自分にだけ有利な結果を得ようとする短絡した繁殖促進行動」、あるいは「壊れた行動」を起こしたのである。ホワイティの子殺しを二頭並んで見ていたオスたちは、すでに年老いていたか、具合が悪く、衰えていたのだろう。子殺し以前には群の交尾行動の七割以上をひとりじめしていたオトナオスWTは子殺しの期間にその割合を二割以下に落とし、子殺し期間とそれ以後では、メスへの攻撃行動もただの一回しか観察されていない（同じ期間にホワイティは二〇回）のは、この衰弱ぶりを示している。また、WT以外のオトナオスは年寄りで、この子殺し事件のあと一か月で群から姿を消している。つまり、この群では、若いオスの無鉄砲な活動を牽制することができる有力なオスがいなかったといえる。

有力なオスが衰えはじめていた時代に、年齢に比べてより早く体格も行動も大きくなったホワイティは、充分に社会的に発達した行動を育てることができなかったのではないか？　ちょうど、大平山のタカのように。逆に、地獄谷のケンはオトナオスの厳しい義務を身につける前に、オトナオスの順位制のトップに出てしまったということだろう。充分に社会的に発達した行動とは、自分の子供を保護して初めて生まれるものであろう。

この若いオスの行動は、たしかに病的行動ではない。しかし、それを「性淘汰」として、適応的行動として説明できるだろうか。私の論点はただ一点、殺される赤ん坊とその両親にとっての究極の犯罪行動は適応的行動とは呼べない、ということである。これを適応とか、繁殖戦略とか、包括適応度をあげる戦略だとか、キン・セレクション（血縁淘汰）と言うのだとすれば、その理論全体がおかしい、と私は思う。

壊れた行動

広い生命界を一口で説明する原理などはない

子殺しは適応的行動などではない。

では、それは病的行動か？　子殺しをするラングールやニホンザルのオスは、病気のサルか？気が狂っているのか？　そうではない。地獄谷のカボが子殺しをした後で、群の最下位で落ちついたように、彼らは気が狂っているのではない。まったくそうではない。それは病的行動ではない。

では、正常なのか？　それもまた違う。

すでに見たようにフルディーたちは、子殺しをするオスの行動は「筋がとおらぬ（untenable）」と言わざるを得なかった。そして、ジャンソンとヴァン・シャイクたちは、「性淘汰」が子殺しのすべてを説明する原理だとは、言い切れなかった。

動物のあらゆる行動が適応的であると考えるのは、生物がすべて適応的に作られているという誤解、ダーウィン以来の根本的誤解のうえに成り立っている。適応的でない行動は異常行動や病的行動だと考えるのは、正常の範囲について狭い価値観しかもたないからだ。

「自然」の中には適応的な行動もあれば、適応的でない行動も含まれている。私たちは、行動の意味について、あらゆる動物を通じて同じ原理が通用するという幻想に欺かれている。霊長類の子殺しは、霊長類という分類の中でさえ、同じレベルでとらえられるかどうか疑問である。それが、マダガスカルの原猿類と類人猿と人間について、ヴァン・シャイクたちが何も言えなかった理由である。

ダーウィンの『進化論』(ダーウィン、堀訳、一九五八)は、この広い生命界を一口で説明する原理を振りかざしたが、そんな都合のよい原理はない。私たちはまだ、どの分類群が他のどの分類群と異なる行動原理をもっているのかを知らない。とりあえず分類だけはなんとかできたが、その内実をまったく知らないのだ。

種に固有な行動原理が壊されたとき、壊れた行動が現われる

しかし、分類群を通して、まったく同じ生命の基盤というものがある。

動物の分類群を越えた共通項は、逆説的に言えば、それぞれの種が別個の生活原理を作りあげることで、それぞれの生命の存続をはかっているという点である。しかし、この種固有の、それぞれをそれぞれの特別な生命たらしめている行動原理が壊された時、動物行動の底にある無秩序が現わ

れる。この無秩序が、「壊れた行動」であり、それは分類群にかかわらず、種の違いにかかわらず同じである。

たとえば、殺した赤ん坊の手を喰うという行動がある。箱根天昭山のニホンザルのオスも、宮崎勤も、なぜか手を食べる。そこでは、種の生存にかかわるある固有の行動型が壊れた時に、出てくる共通パターンがある。その底に、私たちは地獄を見るのである。

行動は壊れやすい。ごくささいなことで行動は壊れる。人間社会では、戦争や飢饉、暴動や拘禁と、枚挙にいとまがない。オトナのオスザルにとっては、群にオトナオスがいない状態だけでも、行動が壊れる。ことに、発情期には（季節としても、そのオスの成長段階としても）。

壊れた行動は、もともとの攻撃行動や威嚇行動を社会的に制限していた枠組みからはみ出す。そして、ハウスファーターの言う「短期的利益追求型行動」が現れる。あるいは「短絡行動」が出現する。これが壊れた行動である。

こうして、もっとも安易な方向へ攻撃性が発揮される。ふつうは、オトナオスは赤ん坊の守り手なのだから、赤ん坊の側に警戒心がない。そして、反撃の恐れがまったくない。

人間の諺にもある。「赤子の手をねじるようなものだ」と。「壊れた行動」は、このもっとも安易な方向へ傾く。


子殺しは「自然」の一過程で、種の行動原理の枠組が壊れたときに現れる「壊れた行動」にすぎない

この「壊れた行動」は異様な行動だけれども、病的な行動ではない。私たちはその行動に「地獄」をみるが、けっしてこの世の外の出来事ではない。子殺しをしたカボが群に入るように、子殺しをしたハヌマンラングールのエルノスケが群のボスになるように、それは「自然」の一過程にすぎない。ただ、それぞれの種の行動原理を規制する枠組が壊れたときに現れる「壊れた行動」というにすぎない。

それは価値観では判断できない。霊長類のある種の「壊れた行動」は、兄弟を呑みこんで餌にするサンショウウオの幼生のように、ある歴史と社会の規制の枠内にいる人間の一個人の価値観では、まったく判断できない。そもそも、人間世界のことでさえ、他所の社会の「壊れた行動」は、一個人の価値観では断罪できない。


それを闇と呼ぼうと、地獄と呼ぼうと、修羅と呼ぼうと、同じことである。

仏教では、このあたりを「六道」と呼ぶ。「地獄」、「餓鬼」、「畜生」、「修羅」、「人間」、「天上」である。『歎異鈔』第五條の注釈六によれば、「この六つの境涯は迷えるものの趣き生まれるところであるから道という。迷界の総称である」（梅原眞隆訳注、角川文庫821）。

「天上」でさえ、迷えるものの世界であるという設定は実にすぐれていて、これによって、私たちは自分たちがどのような境遇にあるのかを知る。しかし、そのすべてが「迷界」なのだ。

適者と不適者でしか成立していないダーウィン以降の西洋科学内の生物学は、子殺しのような明らかな不合理に出会うと、力を失う。しかし、その明らかな不合理さえ、自然界の、あるいは仏教用語で言えば「迷界」の諸相のひとつでしかない。

不適者にも生存する理由があるように、子殺しは霊長類のどの種でも現れる可能性がある

不適者にも生存する理由がある。

ダーウィン以来の現代生物学の基本原理は、「自然淘汰」による「最適者の生存」である。ここでは、植民地制度や奴隷制度を国是とした競争原理が、自然界の原理として謳われている。しかし、人間の裸の皮膚は、決して「最適」形質ではない。人間の裸を説明しようとしたダーウィンの「性淘汰」仮説が、まったくの失敗に終わったのは、不適者や不適形質にも生き残る理由がある、というもうひとつの自然界の原則が見えなかったためである。

裸の形質が適者の形質とはほど遠いことが分かれば、生命界の多くの形質が適者の形質と言うのは、無理だと分かるはずである。このように考えることは、生命の理解に混乱をもたらすだろう。すべてがうまく行っているという前提のもとで、いちいちのサルの行動の意味を追求することが、意味をもたないかもしれないからである。だが、恐れることはない。生命世界がそんなに簡単、単純なものであるはずもない。

毛皮を失った裸の「けもの」は、毛を刈り取られた羊より無力なものである。しかし、あきらかに適していない形質を持たざるをえなかった不適者もまた、生き延びなくてはならない。それが真の意味での「生存のための闘争」である。この「闘争」では、まったく新しい生存方法を作り出さない限り「不適者」は生きのびることができないために、生命世界にそれまでになかった生存方法

を生み出す。「不適者生存」とは、そういう意味である。

同様に「壊れた行動」もまた生き残る。同種殺しは、その個体が生きのびるためにとるもっとも古い行動様式だからである。そして、恐るべきことに、それぞれの種が営々と築き上げてきたはずの行動原理が、実に壊れやすく、壊れた時には「壊れた行動＝短絡行動」が出現することが、子殺しを説明する。ヴァン・シャイクたちが、子殺しは霊長類のどの種でも現れる可能性があるというのは、この点では当たっている。

そこでは、人もサルも、目の前の利益にしか気にかけず、目の前の障害を解消する衝動でしか行動しない。子殺しを一回見ただけで、ただちにオスを除く実験をして、子殺しを再演させた理由を、杉山さんは自らこう語る。

「もしかすると（子殺しは）ドンカラ群だけに起きた、エルノスケの異常性格によるものかもしれない。自然界に異常など私は認めたくないのだが、多くの科学者はこの点をついてくるに違いない。あれは特殊例だと。

ドンカラ群の赤ん坊が次々に侵入雄に咬まれ、脱落してゆくのを見て、私は直ちに野外実験を開始した。……ドンカラ群の子殺しがまだ進行中の六月二〇日。……第二群のリーダーのニタロウを群から取り除いた」（一三五―一三七頁）。

こうして、杉山さんは子殺しを人工的に始めることに成功した。こういう学者のエゴによる闇もまた、壊れた行動である。臥牛山における私たちもしかり。知らぬこととはいえ、子殺しをさせる条件を作ってしまって、しかも、それを拡大し続けていたことに言い訳のしようもない。これは「迷界」では刑務所に入れられる犯罪というわけではないが、仏界ではどう裁かれるか。もっとも、ジャンソンとヴァン・シャイクはこのことについて、はっきり言っている。

「群れから第一位のオスを取り除くなどの実験は、倫理的にも望ましくもないことだ」と。

ヴァン・シャイクたちがあえて触れなかった、マダガスカルの原猿類と類人猿の、子殺しと社会構造について考え、そして最後に人間の問題についてこれからふれながら、子殺しは性淘汰などの理論でまとめられるものではないこと、そして、それはもっと深刻な問題を提起しているのだということを、順を追って述べることにしよう。

いや、これほどたいへんな作業、深刻な思考を必要とするとは、思いもよらなかった。

注1：杉山さんは、その後現れた「性淘汰理論」を見ながら、この時点での子殺しの要因論は不十分だったとして、「附章　子殺し要因論再考」を付け加えて一九九三年に講談社学術文庫の一冊として『子殺しの行動学』を再版した。この「子殺し要因論再考」は、ひとり杉山さんの考え方だけでなく、霊長類学における子殺しの要因論についてのとりまとめでもあるので、本書ではこちらを引用することにする。

注2：この総覧を作っていて、まず感心したのはヴァン・シャイクの資料収集の完全さである。彼はまず、野外で確実に子殺しが見られた一七種をあげ、その観察資料をまとめている。さらに、観察が難しいこの事件の性質を考えて、確実な観察ではないが、子殺しの可能性があるデータ、飼育下での子殺しの観察例もまとめている。

彼はニホンザルの子殺しの例に河合さんの「ニホンザルの生態」とともに、常田さんの雑誌『にほんざる』第二号に掲載した論文をあげていた。屋久島のニホンザルの社会生態を取りまとめるのに、雑誌『にほんざる』の屋久島特集をまったく無視する日本人学者に比べると、その差は歴然としている。

博物学的手法（自然史、あるいは間接的アプローチの戦略）では、事実の網羅的な把握が第一の重要性を持っている。そこから事実の全体像が見えてくる。逆に言えば、ただこの関係する事実の羅列を完成することによってのみ、事実の全体像を浮かびあがらせることができるし、それ以外に事実記載を科学にする方法はない。仮説、つまりその事実の意味と解釈についての論理を生み出すのは、この羅列作業を完成した後である。もちろん、そのためには個別の事実を探る長い作業が必要になる。そして、子殺しのような、観察時間が一〇〇〇時間を越えないと現われてこないような、稀な事実を確定するためには世界中の研究者が束になってとりかかっても数十年という年月が必要になる。

ヴァン・シャイクは、この作業がおおよそ終わる時代に出会うという幸運に恵まれたが、同時に子殺しの全体像についてもれなく事実を集めるという忍耐力を持っていた。それは、ただの忍耐力ではない。それなしには科学が成り立たないという西欧流自然科学の文化的伝統の上に立った忍耐であり、作業である。そこでは、有名学術雑誌に載った論文も無名の論文集のものも、事実のレベルで同等に扱われる。しかし、日本においてはそうではない。

日本では、学問がそれ自体のためにではなく、個人の栄達と不可分に結びついている。これは文化伝統によって培われた学問姿勢なので、日本では今後とも学者たちのこの姿勢が変わるとは思えないが、それでもそのことを指摘しておくことは、将来の博物学の建設にいくらか役に立つかもしれない。

その五　メス優位社会—マダガスカルの原猿類

マダガスカルの原猿類では子殺しが少なく、一九九〇年までは観察記録がなかったが、近年、オスによる子殺しばかりか、メスによる子殺し、異種間の子殺しなど、真猿類では見られないタイプの子殺しが見られ始めた。そうした事態は、どのように説明されるのだろうか……。

マダガスカルのサル社会はメス優位である

マダガスカルの首都アンタナナリヴ市内にあるチンバザザ公園で、日本から来た観光客にサルを見せ、案内するのが仕事のようになっていた時期があった。この公園では、正門近くの池の小島に、ワオキツネザル、エリマキキツネザルなど数種の原猿類が放し飼いになっていた。

黒白の輪模様が美しいワオキツネザルの小島の前で、私は遠来の客たちに質問をする。

「さて、どれがオスでしょうか？　とても分かりやすい見分けかたがあります」。

外見の大きさではオスとメスの区別がつかないから、しっぽの輪の数のちがいとか、赤ちゃんといっしょにいるとか、いろいろな名案、珍案が出る。もちろん、睾丸やペニスのあるなしがいちばんの特徴なのだけれど、サルたちはかっぱつに動き回っているので、よほど注意しないと見られない。しかし、そこを見ないでも、簡単に見分ける方法がある。

「私にも外見だけではオスメスは分かりません。が、赤ん坊といっしょの数頭の集まりから離れて、ひとりであの隅にいるのが、まず間違いなくオスです。

　餌をやるともっとはっきりしますが、メスたちから追い払われてすぐには餌を採れないのがオスです。彼らはメス優位なのです」。

こう説明すると、誰もがびっくりする。「ボスザルがいなくて誰が群を統率するんだ」とか、「それでは秩序が保てないじゃないか」とか、日本人的感想がいろいろと出る。

そこで、続けて、「実は、マダガスカル人も女性優位です」と言うと、「日本人もそうじゃないか」とか、「わが家もそうだ」とか、なんとなく話がまとまるのである。

図㉑　本文に関係するマダガスカルの場所

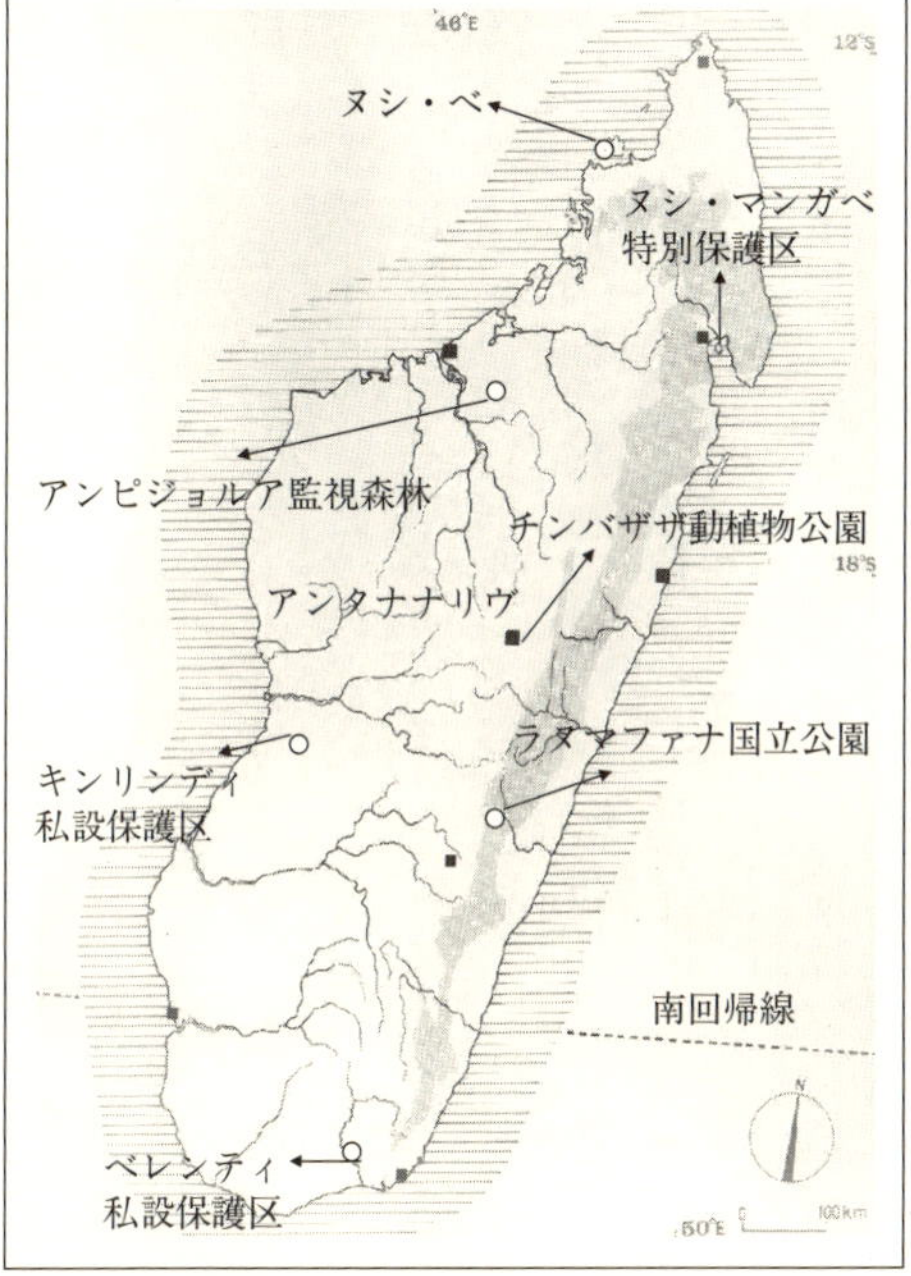

マダガスカルの原猿類の多様性とその分類的位置

実際、マダガスカルに住む原猿類のほとんどはメス優位である。アイアイとワオキツネザルだけの話だな、と思ってもらっては困る。日本ではほとんど知られていないが、マダガスカルの原猿類は実に多様で、大分類項目の科レベルで比較すれば、世界のサルの半分を占めている。

ここで、サルの分類に関して簡単に紹介しておこう。

霊長目(Primates)は、真猿亜目(Anthropoidea)と原猿亜目(Prosimii)に二分される。

真猿亜目は、ニホンザルやヒトなどが含まれる**狭鼻猿下目**(オナガザル科、テナガザル科、オランウータン科、ヒト科)と、南米のサルたち**広鼻猿下目**(マーモセット科、オマキザル科)と、**メガネザル下目**(メガネザル科)の三つの下目に分かれ、各下目はさらに、カッコ内に示した七科に分類される(メガネザル下目の位置については確定的ではない)。

他方、**原猿類亜目**は、**ロリス下目**(ロリス科)、**キツネザル下目**(コビトキツネザル科、キツネザル科、メガラダピス科、インドリ科、パレオプロピテクス科(絶滅)、アルケオレムール科(絶滅))、アイアイ下目(アイアイ科)の、三つの下目、八科に分類される。

原猿類のうち、ロリス科を除く七科がマダガスカルのサルで、まとめて**レムール類**とよばれる。残念なことに、マダガスカルでは、パレオプロピテクス科、アルケオレムール科の二科はすでに絶滅し、それらを含めた四つの科にわたる、大型種の一六種が絶滅している。

二〇〇キロあったと推定されているアルケオインドリス以下、一〇キロ以上あったはずのジャイアントアイアイまで、大きなほうから順に一六種がすでに失われているので、マダガスカルの霊長類社会の全体像を正確に描けるわけではない。しかし、残された小型種だけをみても、そのバラエティーは広い。食性も、昆虫食から竹食まで実にいろいろで、体重も、世界最小の三〇グラムのベルテネズミキツネザルから二〇〇キログラムのアルケオインドリス(絶滅種)まで幅が大きい。

こうした多様なマダガスカルのサルの社会の特徴を一口で言えば、「メス優位」ということである。もちろん、絶滅した大型のレムール類がどんな社会をもっていたかは、分からないが。

インドリ科のインドリ、キツネザル科のワオキツネザル、エリマキキツネザルでは、いつも「メス優位」が見られる。また、アイアイ科のアイアイ、インドリ科のヴェローシファカ、カンムリシファカ、コビトキツネザル科のハイイロネズミキツネザル、フォークキツネザルで、「メス優位」がときどき観察されている。たとえば、アイアイでは、メスがオスを攻撃したことはあるが、逆のケースはない。しかし、ブラウンキツネザルの一亜種（ルフス）ではメス優位ではない。

サル社会における「優位」とは？

もっとも、サル社会における「優位」という実態は、言葉ほど厳密ではない。ニホンザルのボスたちの順位が、この「優位」という言葉の人間的な概念にやや近いかもしれない。ニホンザルのボスザル間の優位の序列は、そうとうに微妙なところまで日常的な行動様式として確立している。

日本人社会は順位社会で、微妙な優劣関係の網の目で構成されているから、その目で見ればニホンザルの行動は理解しやすい。しかしニホンザルでも、メス間の優劣の場合は、食物をとる順番や休み場所を優先できるかどうか、というもっと即物的関係である。

マダガスカルの原猿類の「メス優位」というのも、そうした関係だが、後に述べる子殺しの例からは、メス同士の関係に目に見えない微妙さが現れることがある。

ともあれ、アフリカ、アジアのサルでは、めったに見られないメス優位がマダガスカルではふつうなので、霊長類学では特別に注目されてきた。なぜこういうメス優位の社会になるのかについて、いろいろな仮説が提出された。

アリソン・ジョリーの「メスの必要仮説」

マダガスカルの原猿類研究の草分けの一人、アリソン・ジョリーは、はじめてこの問題をとりあげ、「メスの必要仮説」を唱えた（Jolly, 1984）。

その仮説の骨子は次のようなものだった。マダガスカルの原猿類では、真猿類に比べて妊娠期間が短いので、赤ん坊が未熟な形で生まれる。その赤ん坊を急に大きく育てるために、メスは妊娠・育児のためのストレスが高い。このため、栄養を優先的に採る必要があり、メス優位になっているのだという仮説である。

アリソン・ジョリーはアメリカの女性霊長類学者で、国際霊長類学会の会長にも選ばれたこともあり、現在なおマダガスカルに通いつづけ、南部のベレンティ私設保護区のワオキツネザルの観察を継続している。マダガスカル最古参にして現役の霊長類学者である。

メス優位が現れるのは原猿類という分類上の枝全体ではなく、レムール類で現れる。つまり、マダガスカルの原猿類という地域的特長にすぎないのだということもわかってきた。マダガスカル以外の原猿類（ロリス科）は、アフリカとアジアに生息する夜行性の小型のサルであるが、このロリス科のサルではメス優位というはっきりした特性はない。

アリソン・リチャードの「メス優位仮説」

アリソン・リチャードは、アメリカの女性霊長類学者で、おもにシファカの野外研究に関わってきた。

彼女は、霊長類だけでなく、哺乳類にも調査範囲を広げて、メスが優位の種の特徴として、ペア・タイプ（オトナのオスメス各一頭のグループ）であるのか、季節的に繁殖する種であるのか、どちらかだとまとめている。そして、体の大きさもメスの優位に影響するかもしれないと指摘して、アリソン・ジョリーの「メスの必要仮説」には賛否を保留していた（Alison, 1987）。

その後「メスの必要仮説」は、今にいたるまで賛否両論が行われていて、事実として確定しているわけではない。だが、こういう複雑な仮説よりも、レムール類のメス優位は、オス、メスで体の大きさに性差がないことに関係するのではないかというアリソン・リチャードの視点のほうが、単純である。しかし、オスが大きいということが哺乳類や霊長類の通則であって、レムール類だけが例外だというのは、ほんとうなのだろうか？

マダガスカルの原猿類ではメスの方が大きい

では、原猿類でオス、メスの体の大きさを比較してみよう。アメリカのデューク大学霊長類センターで世界の原猿類二三種について、体重と犬歯の大きさに関して性差を調べた結果がある

(Kappeler, 1990, 1991)。

それによると、原猿類では、一般にオスとメスの大きさは変らないが、中でもマダガスカルの原猿類のレムール類では、アフリカやアジアの原猿類ロリス科に比べて、明らかに性差がすくない。アフリカのガラゴ属（*Galago elegantulus* を除く）と、アジアのスローロリスではオスの体重が一七〜二三パーセント増で大きい。

マダガスカルのレムール類では、オスがメスより大きい種はないが、逆に、メスが大きいのは、コビトキツネザル科のグレイネズミキツネザルとインドリ科のアバヒ、カンムリシファカである。オスの犬歯が大きい（一八パーセント以上）のは、キツネザル科のブラウンキツネザル、マングースキツネザル、ワオキツネザル、メガラダピス科のイタチキツネザル、アカオイタチキツネザル（たぶん、イタチキツネザル属全種）、およびアフリカのロリス科のデミドフガラゴとオオガラゴである。一般に、犬歯が大きいのはオスに特徴的な形質ではないかと考えられるが、ここでもまた逆の例がある。インドリ科のカンムリシファカは、メスの犬歯が一二パーセント以上も大きい。

このように、レムール類というマダガスカルに固有の原猿類では、体の大きさ（体重）に関しては性差がないか、むしろメスの方が大きい。メスの体の大きさがオスに引けをとらないことが、メス優位の基礎になっていることは明らかである。


「個々の雄が自分の包括適応度をあげようとする」、つまり、オスの個体の繁殖成功度という要因だけで考えれば、一夫多妻型の場合は、一夫一婦型の場合よりもオスの競合が強く、オスの体が大型化するはずである。この関係は、真猿類ではほぼあてはまるのだが、ハイイロネズミキツネザルは一夫多妻型でもメスのほうが大きく、マダガスカルでは真猿類用の仮説があてはまらない。

ブラウンキツネザルの亜種ルフスは、レムール類で唯一メス優位ではないが、オスとメスに体重差はない。この場合は、オスの犬歯が大きいことが、メス優位でないことの説明かもしれない。

このように、一筋縄ではいかない原猿類の社会構造について、日本で最初に解明を試みたのは、伊谷さんだった（伊谷、一九七二）。

伊谷純一郎の原猿類社会構造論

世界史の上でもただ一回しか起こらないことだろうが、一九七三年に、三人の動物研究者がノーベル賞を受賞した。ニコ・ティンバーゲン、コンラート・ローレンツそしてカール・フォン・フリッシュという、それぞれに独特の研究スタイルをもった三人の学者の受賞は、動物研究を志す若者たちに強い影響を与えた。動物の研究、ことに野外の動物研究をすれば、これらの大家と対等の感覚をもてるかのような、我を忘れるほどの面白さがあった。一九七〇年代は、動物学の領域でも時代が沸騰していた。

このノーベル賞の直前の一九七二年に、伊谷純一郎さんが霊長類の社会構造についての総論を著した。より包括的な生物の社会学を構築したE・O・ウィルソンの『社会生物学』が発表される三年前のことで、その日本語訳出版の一一年前であった(E・O・ウィルソン、伊藤嘉昭監修、一九八三、一九八五)。

このことは、伊谷さんのこの総論が、どれほど時代に先駆けていたかをよく示しているが、伊谷さんにとっては、ひとつの決算だったようで、一九八七年に出版された『霊長類社会の進化』の第三章として、そっくりそのままの形で収録されている(伊谷、一九八七)。


伊谷さんに最後にお会いしたのは、一九九八年五月三一日、恩師渡辺仁さんの葬儀のあとで、近藤四郎・西田利貞両先生と四人でいっしょに食事をした。近藤先生は二〇〇三年二月に肺気腫で亡くなられたが、そのときは、「マダガスカルに行きたいと思うけれど、この肺ではとうてい無理だ」とおっしゃっていた。伊谷さんの方が一年早く二〇〇一年八月に亡くなられたわけだが、「僕も肺気腫や。タバコはまだ吸ってるけどな」と、最後まで強気で言い切ったのが印象的で、私はその日の日誌に「豪傑である」と書いた。

伊谷さんの『霊長類の社会構造』は二部に分かれ、その第一部を「原猿論」、第二部を「真猿論」としており、この網羅的な構成は、伊谷さんの視点がぬきんでて広いことを示していたが、今読み返すと、その結論は、社会構造は系統分類と生活様式に一致して進化するという図式的な類型化論である。

「霊長類の社会に見られるほとんどの構造が、すでにこの原始的な段階で顔を出してしまっている……むしろ、それが、原猿類の中の系統にちゃんと従い、生活様式との間にもみごとな相関を示しながら現れている点、さらに、社会構造の諸形態の間の関係が、社会構造の進化の脈絡を物語ってくれているという点にこそ、一種の驚異を感ぜずにはいらないのである」（七七頁）。

伊谷さんの類型化は、系統を下るにしたがって、集合性が発達するという前提があったようである。単独生活者のコビトキツネザルの例をひいて「（夜行性原猿類では）より高等な霊長類のきわ立った特性である集合性が、きわめて未発達である」（七九頁）と位置づけている。

しかし、そういうふうに集合性にだけ視点をおくと、オランウータンの単独生活はどう位置づけるのだろうか？　今西錦司さんの社会論が衝撃的だったのは、「集まるだけが社会じゃない」という見解だったのではないだろうか（今西、一九四九）。

その五　メス優位社会―マダガスカルの原猿類

伊谷さんの採った、社会構造を類型化して分類群に対応させるという方法は、社会構造を解明するためには無理がある。インドリ科をオス・メス一頭ずつのペア・タイプとすると、たちまち例外がでてしまう。インドリ科のヴェローシファァカの群には、複数のオトナのオスとメスがいるからである。

しかし、伊谷さんは、これについて「ペア型の中に、ただ一つヴェローシファァカという例外があることについて述べ、二つのペア型の合体した形態を考えたわけである」（八六頁）と、あくまでもインドリ科をペア型と類型化し、シファカの複雄群を理解しようとしていた。

これは類型化を保持しようとする頑なさが、たまたま生んだ「卓見」とも言うべきものだった。ヴァン・シャイクとカッペラーは、ペア型（一婦一夫）がマダガスカルの原猿類の基本型であり、マダガスカルの複雄群といっても複数のペアの集まりでしかないという性格があると考え、そこから子殺しの防止システムを考えようとしている（van Schaik and Kappeler, 1993）。

ペア・ボンド社会を子殺しを防御するシステムとしてとらえる

ヴァン・シャイクとカッペラーは、マダガスカルの原猿類の社会構造の特徴を、以下の三つにまとめている。

第一、社会構造は多くの場合、活動時間帯によって決定されている。

第二、同じ種の中で社会構造が変容する。

第三、大きな群社会でもオトナのオスメス比は同じで、多数のペア群と呼んでよい。

このまとめを、私の観察に基づいて見直すと、以下のようになる。

第一については、マダガスカルには昼行性のサルと夜行性のサルが同じくらいの割合でいて、その活動性によって社会構造にある程度の枠があるのだが、その枠も絶対的なものとは言えない。夜行性のサルが群社会を作ることはないが、夜行性のサルのすべてが単独生活者だとも言えない。たとえば、フォークキツネザルやアバヒは夜行性だが、ペア・グループを作っている。

しかも、マダガスカルの原猿類を昼行性と夜行性の二つに分けることはできず、昼夜行性（cathemeral）という特別な行動タイプがある。この夜昼なしの活動性は、キツネザル科のサルの大部分で見られ、厳密に昼間だけ活動する昼行性の種はワオキツネザルだけである。

さらに、夜と昼とで、社会構造が異なる例さえある。たとえば、マングースキツネザルでは、同じ場所にいても昼行性の場合は大きなグループを作り、夜行性の場合はペアである。

第二については、私としてはまったく異論がない。

マングースキツネザルは典型的な例だが、これまでペア・グループが基本と考えられていたエリマキキツネザルでも、オスメス多数によって構成されるコミュニティーがあることが分かっている（Morland, 1991）。

このような社会構造の変容性は、マダガスカルのサルの社会構造の特徴を示している。

第三については、ヴァン・シャイクたちは、原猿類の複雄群の社会構造を単純化しすぎている。群内のオスとメスの数がまったく同じという例が多数ではない。多数のオス、メスをふくむ群の構造はもっと多様であり、ワオキツネザルやシファカ属の群型の構造は、よく知られた事実である。タターサルシファカ（*Propithecus tattersalli*）では、二頭のメスと一頭のオスとの間の強い結合関係が示されているなど、マダガスカルのサルの群構造を、ペアの重合した群というのは単純にすぎる。

この問題は、ボノボ（ピグミーチンパンジー）の社会構造を検討する際に、もういちど戻ってこよう。


ヴァン・シャイクたちはここから一歩踏み出して、マダガスカルのサルたちはペア・ボンド（オス・メスのつながり）を基調にしているので、子殺しが少ないのではないかという。

マダガスカルの原猿類では、赤ん坊の扱い方が真猿類とは違って、木の上に置き去りにする例がある。置き去りといっても捨て子ではなく、親が食事に行っている間、巣や適当な場所に置いて行くのである。一般に、霊長類が巣を作ることは珍しいが、マダガスカルでは、巣を作るサルもいれば、巣は作らずに赤ん坊を木の上に置いていくサルもいたり、いろいろである。

ヴァン・シャイクらは、赤ん坊を置き去りにするよりも、赤ん坊を連れて歩くほうが他のオスの注目を引きやすく、だから、赤ん坊を連れて歩くタイプでは、オスがつき添って他のオスから赤ん坊を守るようになる。このために置き去りタイプは単独性であり、運搬タイプはペア・タイプなのだと言う。

マダガスカルの原猿類社会は基本的にこのペア・ボンドによって作られているので、子殺しが少ないのだと、説明するのだ。

だが、これは仮説提唱者の説明過剰の見本のようなもので、いくつもの例外がある。たとえば、赤ん坊を置き去りするタイプには、フォークキツネザルもエリマキキツネザルもいる。マダガスカルのサルの社会は、ペア・タイプも群タイプの社会もある。さらに、ジェントルキツネザルの小型種二種はペア・タイプだが、ときどきは子を置き去りにする。こういう具体例を並べてみると、彼らの説明は普遍性をもたない。

子殺しを防ぐ社会構造

私は、以下のように提案したい。視点を変えて見ればいいのだ。

子殺しを防ぐという視点から言えば、赤ん坊置き去りの単独タイプの社会は、ペア・ボンドと同じ効果をもっている。単独生活者でも、母親は赤ん坊の見まわりをし、ひとつの巣から他の巣に赤ん坊を移動させたりして、赤ん坊を守っている。それができるのは、メスがオスよりも優位であるからである。

ヴァン・シャイクたちは、その仮説をもう一歩進めるべきだった。「あらゆる霊長類の社会構造は、子殺しを防ぐ機構である」と。そして、社会構造の違いが起こるのは、子殺しを防ぐ機構のバラエティーである。

そう考えてこそ、置き去りタイプの意味が分かる。赤ん坊はテリトリー内の目立たないところ、いつも見まわるところに置かれるので、他のオスの手が届かず、攻撃性を誘発しない。たとえ赤ん坊がオスから攻撃されても、単独のメスで対抗できる。レムール類のメスは、オスに対して一対一で十分に対決できるほど大きく、オスに対して優位だからである。

このメスの大きさ、そしてメスの優位こそ、マダガスカルの原猿類が多様な社会構造を発展させることができた要素である。

レムール類の社会構造のバラエティーは、伊谷さんが「霊長類の社会に見られるほとんどの構造が、すでにこの原始的な段階で顔を出してしまっている」(伊谷、一九七二)と考えたように融通に富んでいる。特に、次に示すように、同じ種の中でペア・タイプも群タイプも持つことができるのは、オスの制限を受けずに社会構造をとることができるレムール類の利点を示しているといえよう。

オスの体が大きく、武装としての犬歯が、メスよりも決定的に大きい真猿類の多くでは、オスの攻撃性を食い止めるための特別な社会構造が必要になり、そのために選ぶことのできる社会構造のバラエティーは狭くなる。しかし、マダガスカルの原猿類はそうではない。

マダガスカルの原猿類の社会構造

では、ここで、マダガスカルの原猿類の社会構造のバラエティーを見ていただこう。そこでは、それぞれの分類群の中でさまざまな社会のあり方が試されており、伊谷さんが、『霊長類の社会構造』で言ったのとは異なり、サルの系統関係と社会構造とはほとんど対応していないことが分かる。

マダガスカルの原猿類の社会構造

単独タイプ

巣グループは母子のみ
アイアイ（アイアイ科）
コクレルネズミキツネザル（コビトキツネザル科）
イタチキツネザル属（七種）（メガラダピス科）
母子以外の巣グループ
ネズミキツネザル属（八種）最大一五頭（コビトキツネザル科）
コビトキツネザル属（二種）最大五頭（コビトキツネザル科）
ミミゲコビトキツネザル　単独かペア？（コビトキツネザル科）

ペア・タイプ

ペアのみ
フォークコビトキツネザル（コビトキツネザル科）
キンイロジェントルキツネザル二―六頭（キツネザル科）
マングースキツネザル三―五頭（キツネザル科）
インドリ二―六頭（インドリ科）
アヴァヒ属（二種）二―五頭（インドリ科）
ペアと群れ
ハイイロジェントルキツネザル三―六頭（キツネザル科）
エリマキキツネザル五―七頭（八―一六頭）（キツネザル科）

アイアイ
(アイアイ科)

ミルネドワルイタチキツネザル
(メガラダピス科)

インドリ
(インドリ科)

ヴェローシファカ
(インドリ科)

ニシアバヒ
(インドリ科)

カンムリシファカ
(インドリ科)

ヒロバナジェントルキツネザル
(キツネザル科)

ハイイロジェントルキツネザル
(キツネザル科)

図㉒　マダガスカル原猿図鑑

ベルテネズミキツネザル
(コビトキツネザル科)

ブラウンネズミキツネザル
(コビトキツネザル科)

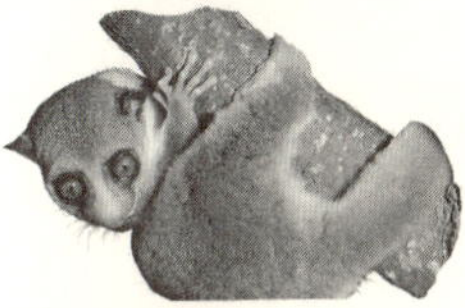

フトオコビトキツネザル
(コビトキツネザル科)

ラヴェロベネズミキツネザル
(コビトキツネザル科)

ワオキツネザル
(キツネザル科)

ブラウンネズミキツネザル
(キツネザル科)

エリマキキツネザル
(キツネザル科)

カンムリキツネザル
(キツネザル科)

アカバラキツネザル二—六頭（キツネザル科）
ヴェローシファカ二—八頭、最大一四頭（インドリ科）
カンムリシファカ五—八頭（インドリ科）
タターサルシファカ三—一〇頭（インドリ科）

群タイプ（複数のオスメス）

詳細不明
ヒロバナジェントルキツネザル四—七頭、最大一二頭（キツネザル科）
群
ワオキツネザル三—二五頭（キツネザル科）
カンムリキツネザル五—一五頭（キツネザル科）
クロキツネザル二—一五頭（キツネザル科）
ブラウンキツネザル二、三—一二頭（三〇—一〇〇頭の集合も）（キツネザル科）

注　巣グループ：ネズミキツネザルなど小型のサルたちは、単独で夜間に活動するが、昼間は巣に眠る。巣には複数の個体が集まっている。その構成を母子かそれ以外のものも集まるかによって分類した。

エリマキキツネザルのコミュニティー社会

ペア・タイプの例として、エリマキキツネザルの社会を見てみよう。

エリマキキツネザルは樹上性のサルで、マダガスカル東海岸に広く分布し、キツネザルとしては大型である。本土の亜種は白と黒の斑模様が美しく、マソアラ半島の亜種は焦げ茶の輝くような光沢が渋い。しかし、その声はガラガラの「割れ鐘のような」と形容するしかないような声で、しかも信じられないほど大きい。

一九九二年の一一月に、エリマキキツネザルの檻の前で、私たちはアイアイの檻を作るために電気ノコで鉄材を切っていた。このサルたちは、電気ノコの音が響きわたると同時に、大声を上げて競争した。耳障りな大声は、電気ノコが鉄を切る音とたいして変わらず、彼らの武器はどうもその大声らしかった。

この強烈無類の声はテリトリー・ソングで、マダガスカルで現存最大の原猿類のインドリや、東南アジアのテナガザル類と同じように、ペア・グループの社会に特徴的な行動だと考えられてきた。

その五　メス優位社会ーマダガスカルの原猿類

アイアイの特別保護区のヌシ・マンガベでは、一九八三年当時、全島でエリマキキツネザルのテリトリー・ソングが響きわたっていた。その声を頼りに生息密度を計算してみると、一平方キロあたり、一三七・二頭がいた。私がヌシ・マンガベで出会ったエリマキキツネザルの群は、九グループの平均サイズが二・八頭であり、ペア・グループという基準によくあてはまっていた。

しかし、ここで継続調査したヒラリー・サイモン・モーランドによると、地域的にも季節的にも群の構造は変化するという（Morland, 1991）。

モーランドによれば、ヌシ・マンガベのエリマキキツネザルの社会には、ペア・グループをつつむコミュニティーがあり、それぞれのコミュニティーはメス同士のつながりを基盤にしている。

第一のコミュニティーは、当初、オトナオス四頭、オトナメス四頭、ワカオス二頭、ワカメス一

図㉓　ヌシ・マンガベ特別保護区の景観。熱帯雨林に覆われている。

頭であり、第二のコミュニティーは、当初、オトナオス四頭、オトナメス六頭、コドモオス一頭であったが、やがて、第一のコミュニティーは、当初の一一頭から八頭に減り、第二コミュニティーは一一頭から一六頭にふえた。この個体数の変化は、四頭が誕生し、二頭が死に、一頭のオスがコミュニティー間を移動した結果であった。

コミュニティーには協同のホーム・レンジがあり、メスたちは協力して他のコミュニティーからこのホーム・レンジを守るが、それでいて、コミュニティーのメンバーが一堂に会するということはない。

暑い季節には二～六頭のメンバーがコミュニティーのレンジを広く回り、五月から八月の寒い季節には二～五頭のメンバーで狭い地域にまとまっていた。

以上見てきた、モーランドによる観察は、エリマキキツネザルの社会の流動的な側面をよく示している。

また、果実食に特化したこのサルは、他のキツネザル科のサルに比べて、原生林の破壊に非常に敏感である

ことが知られている（White *et al*., 1995）

ヌシ・マンガベは、人為的な影響の少ない無人島の特別保護区であり、この観察結果は、エリマキキツネザル本来の社会構造を示すものだろう。つまり、本来の生息地では、常時いっしょに活動するのは、オスメスのペアのように見えるが、実際は行動域を重複させたペアや単独生活者がお互いの関係をゆるく保っており、何かの時にはいっしょに姿を見せるのだろう。

モーランドが「一堂に会することはない」と報告しているのは、互いの間の関係が個体と個体のつながりの緩い連合だからで、このコミュニティーの性格をよく示している。だから、私が経験したような異常に長い警戒音が続くときには、隣のメスがやってきて協力するので、それは歓迎するが、普段は関係の薄いオスまでが現れて参加しようとするので、ペア・グループは、よけいなことと追い払うのだろう。

マダガスカルの現状を見ていると、この果実を主食にするサルの環境がどれほど破壊されているのかがよく分かる。彼らは果実を丸のみする特別な行動を見せるが、もともとは花蜜を主食にしていたと私は考えている。しかし、花蜜を主食にできるような環境は、今やマダガスカル全土の熱帯雨林を探してもほとんどない。だからこそ、群の構造もペア・グループしか知られてこなかったのだろう。ペア・グループは悪化する環境への、社会構造の変更による適応である。少ない食物には、小さな群で対応する以外に手がないからである。

このように、環境ぬきに群の構造を語り、社会を語ることはできない。そのことをエリマキキツネザルの社会構造はよく示している。

また、亜種のアカエリマキキツネザルでも、グループのサイズは五~六頭で、こちらも寒く湿った季節（五月~八月のマダガスカル東海岸で小雨の続く時期）には、小型のグループに分散するという（Rigamonti, 1993）。エリマキキツネザルの群の柔軟性は、亜種レベルでも同じようである。

マダガスカルの原猿類の社会構造は、きわめてバラエティーに富んでいる。その詳細はじつに複雑で、季節的変化や地域的な変化、さらに昼夜での変化さえある。その上、他の世界のサルとはちがって、メス優位なのである。

さて、この複雑極まりないマダガスカルのサル社会は、どのようにして成立したのだろうか？それを解く鍵が、マダガスカルの原猿類ではほとんど子殺しが見られないという事実である。もっとも、子殺しの記録の少ない理由には、野外での観察時間が真猿類よりも短かったという観察者側の条件はあるだろうが……。

マダガスカルの原猿類の子殺し

マダガスカルのサルは、一九九〇代になるまで、子殺しが見られないということで有名だった。しかし、野外研究が広がるにつれて、子殺しがまったくないわけではないことが分かってきた。

これまでに子殺しが観察されているのは、ワオキツネザル（Hood, 1993, 1994; Andrews, 1998；市野、二〇〇〇)、カンムリシファカ (Wright, 1995; Erhart and Overdorff, 1998)、クロキツネザル (Andrews, 1998)、ヴェローシファカ (Lewis *et al.*, 2002)、イタチキツネザル (Rasoloharijaona *et al.*, 2000) の五種である。

だが、注目すべきことがある。レムール類では子殺しの例が非常に少ないにもかかわらず、夜行性の単独生活者の子殺し (Rasoloharijaona *et al.*, 2000)、メスによる子殺し (Andrews, 1998)、異種間の子殺し (Pitts, 1996；相馬、二〇〇二) など、ほかの霊長類ではみられない行動が観察されていることである (メスによる子殺しはチンパンジーでも見られているが)。

まず、オスによる子殺し、つぎにメスによる子殺し、そして異種間の子殺しを見てみよう。

オスによる子殺し

ワオキツネザルの例

ワオキツネザルの子殺しは、オスによる子殺し、メスによる子殺し、他種によるワオキツネザルの子殺し事件を含めて、すべてマダガスカル南部のベレンティ私設保護区で観察された。

一九九九年二月、オスによる子殺しと見られる事件があった (市野、二〇〇〇)。前年の一一月にその群のオスがいなくなって、新たにオスが近づいてきたが、群のメスたちはこのオスに敵対した。その中で、もっとも激しく敵対したのが、殺されたと見られる赤ん坊の母親だった。オスは赤ん坊を何回も攻撃したので、赤ん坊は大きな傷を負って、姿を消した。この新入りのオスの攻撃によって、赤ん坊が死んだことは確実である。その後このオスは、その群にアルファ・オス（第一位のオス）として定着した。

同じ年の九月にも子殺しが起こっている（Hood, 1993, 1994）。

九月一九日午前八時、Ａ２群はＡ１群とぶつかり、Ａ２群の二歳のコドモメス（ＰＯ）は、メス（ＢＬ）から借りたその生後九日の赤ん坊を連れていたが、この衝突の間に赤ん坊を落としてしまった。

Ａ２群はＡ１群に追われて逃げ、残された赤ん坊は助けを求めて泣いていた。勝った側のＡ１群のメスたちは、Ａ２群の赤ん坊のところに集まってなめたりはしたけれども、積極的に何かをするということはなかった。

Ａ１群のメスたちが立ち去ったあとに現れたオトナオス（ＧＥ）は、赤ん坊をつかみあげるや、荒々しく振り回し、かみつき、そして投げ捨てた。オスはそのまま立ち去り、赤ん坊は腹から腸が出ていて、しばらく弱々しく泣いていたが死んだ。このオトナオス（ＧＥ）は、交尾期の間、Ａ１群、Ａ２群いずれの構成メンバーでもなかった。

この事件のあと、オトナオス（ＧＥ）は、Ａ１群といることが多かった五頭のオスとともに、Ａ２群に二時間ほど加わった。メスたちは、赤ん坊を持っているメスも含めて、オスたちに特段の関心を示さなかったという。

ヴェローシファカの例

この事件は、マダガスカル西部の乾燥林、キリンディの森（私設保護区）で観察された。

グループJは不安定な群で、オトナメス二～三頭、オトナオス一～五頭、コドモ三～五頭の構成だった。二〇〇〇年一月に、近所のGグループからオス三頭（仮にC、D、Eとする）が入ってきて、もとからいた二頭のオス（仮にA、Bとする）は周辺においやられた。

翌年九月二七日、Jグループの第二位のオス（C）が出ていったが、その八日後、周辺においていたオス（A）が第一位のオス（D）を攻撃した。このために三日間、第一位のオス（D）は、群についていることができなかった。

こうして、オス（E）は群とともにいる唯一のオスとなったが、第一位のオス（D）が消えた二日目にこのオス（E）が赤ん坊（生後百日のオス）を殺した。オス（E）は母親に近づいて、メスから赤ん坊をひったくるや下半身を噛んで、ただの一撃で殺し、腹を裂いて、すぐに木の上から一五メートル下の地面に捨てた。

オス（E）は、それまでその赤ん坊の毛づくろいをしたりして遊んでいたのに、群内唯一のオスになったとたんに攻撃的行動を示したのだ。ヴェローシファカの群には、オスは複数いても、交尾ができるのは第一位に限られている。このために、単雄群と同じような理由で、子殺しが起こるのだろう、というのが観察者の意見である。

カンムリシファカの例

まったく同じような例がカンムリシファカの場合にもある。

いずれもマダガスカル東部の山地熱帯雨林のラヌマファナ国立公園での観察である。ヴェローシファカの場合と同じように、ここでも前年から群の構造変化があった。Iグループにはオトナオス二頭、オトナメス二頭、若いメス一頭、二頭のオスの赤ん坊がいた。まず、第一位のオスが群から出て行き、ついで、第二位の年寄りオスがたぶん死亡していなくなった。

オトナオスのいない状態が約半年続き、一九九六年年の六月には新しいオスが入ってきた。七月三日、前日生まれた赤ん坊（オス）は、新しく群に入ってきたオスに攻撃され（直接には観察されていないが母親が攻撃されて）、腹を裂かれて木から落ち、一時間後に死んだ（Lewis *et al.*, 2002）。これはその前に二例見られた、新入のオスが赤ん坊を殺した事件とほとんど同じである。カンムリシファカの場合は、母親は殺し屋のオスを攻撃し、グルーミングを拒否し、場合によっては群を離れることがある（Wright, 1995）。

これほどの反撃を受けてもオスが子殺しをするのは、カンムリシファカの番い関係が長く（六年から十年間）、出産間隔が二年以上と長く、かつ赤ん坊の死亡率が高い（四三パーセント）からではないか、とされているが、観察者たち自身はもっと多くのデータが積み重ねられるまでは、結論は控えたいと言う。

イタチキツネザルの例

これは、夜行性のペア・グループ一婦一夫の種で観察された最初の子殺しである。

マダガスカル北西部のアンピジョルア乾燥林（監視森林。一定の範囲で林業活動、観察路設置などができる国立の保護地域）で、純粋に葉食の小型原猿類、イタチキツネザルで、夜行性の霊長類としては最初の子殺しが観察された。これは、オスのパートナーが離れた直後、新しく現れたオスが、残されたメスの赤ん坊を殺したというもので、観察者たちは社会的病理説も性淘汰説も両方があてはまるだろう、と言う（Rasoloharijaona *et al.*, 2000）。

以上見てきた限りなら、子殺しは新しく現れたオスが抜かりなく繁殖機会をとらえたのだということもできるが、以下の事例は、子殺しがそれほど簡単に説明できるものではないことを示している。

レムール類の特異的な子殺し

メスによる子殺し

クロキツネザルはマダガスカルの北西部に生息し、オスが真っ黒でメスが茶色で、外見からオスメスがかんたんに区別できる「性的二色」として有名である。もちろん、茶色のメスが優位で、オスは彼女たちの前では、食べ物を取ることができない。

事件の発端は、群内のもっとも有力なメスがイヌに襲われて殺されたことだった。一九九三年九月、ヌシ・ベの保護区で伐採地を通り抜けようとしたクロキツネザルの群れ（オトナメス三頭、オトナオス二頭と若いオス一頭）がイヌに襲われて、もっとも優位のリーダーメスとその赤ん坊が殺された（Andrews, 1998）。

二週間後、残された二頭のメスの間に喧嘩が起こり、地上に落ちた赤ん坊を母親でないメスがくわえて木の上に運んで殺し、内臓の一部を食べた。

この事件の観察者、アメリカ人霊長類学者アンドリュースは、マダガスカル南端のベレンティ私設保護区で、ワオキツネザルのメスによる子殺しも観察している。オトナメスが劣位のメスを何日間も攻撃した結果、その赤ん坊は地面に何回も落ち、それによって死亡したのである

驚くべき異種間の子殺し

このベレンティ私設保護区では、さらに驚くべき子殺しの事例がある。

ここに移入されたブラウンキツネザルが、もともといたワオキツネザルの赤ん坊を殺すという事件が、二度も起こっている（Pitts, 1996：相馬、二〇〇二）。

ブラウンキツネザルとクロキツネザルは、飼育下では肉を食べたり、捕食をすることが知られているが、キツネザル科一般には、野生では肉食する場面は観察されていない。だが、この例では、メスのブラウンキツネザルがワオキツネザルの赤ん坊を襲って食べてしまったのだ。

一九九四年の観察（月日は論文の中に示されていない）は、午前六時四五分に生まれたばかりのワオキツネザルの赤ん坊を見たところから始まる。その母親は、群の周辺にいたが、オスグループが

来たので、追いかけ、その拍子に赤ん坊が三メートル半の高さから落ちた。母親は、すぐに抱いたが、赤ん坊に力がなく、母親が木に登る時に、ふたたび落ちてしまった。その時、ごく近くにいたブラウンキツネザルのオトナメスが落ちた赤ん坊をさらって近くの木に登った。母親は赤ん坊を探すように鳴きはじめたが、ブラウンキツネザルは口に赤ん坊をくわえたまま木の高いところに登り、赤ん坊の首すじに噛みつき、殺した。ブラウンキツネザルは群の中で、ほかから妨害されることなく、赤ん坊の腹から食べ始め、一〇分間で全て食べつくした（Pitts, 1996）。

二〇〇〇年一〇月二二日には、ブラウンキツネザルのメスによる、二例目のワオキツネザルの赤ん坊捕食が観察されているが、これは、赤ん坊もちのメスによる子殺し、捕食であるという特徴があるという（相馬、二〇〇二）。

ベレンティ私設保護区の環境・管理における問題点

ベレンティ私設保護区には、その環境条件に問題があることは、現地に行けばかんたんに見てとれる。

もともとベレンティ保護区には、ブラウンキツネザルはいなかった。観光地化のためにサルのバラエティーを増やそうとしたのか、あるいは日本人研究者が言うように、「ワオキツネザルは地上性が高いが、ブラウンキツネザルは樹上性なのでニッチが別だから大丈夫」と、どこかの物知りが

図㉔　ベレンティ私設保護区の景観。バンガローと移入植物が見える。

提案したのか、それは定かではないが、ともかく、ブラウンキツネザルは二回にわたって（一九六三年と一九七二年に）、外から移入された。この二回目に移入されたブラウンキツネザルが、ワオキツネザルの赤ん坊を殺している問題の亜種ルフス（*Eulemur fulvus rufus*）である。

一九八八年に私が見た時には、ブラウンキツネザルは数頭の小さな集団でしかいなかった。二〇〇三年十一月には、ベレンティ保護区のブラウンキツネザルは、三〇〇頭に達したということで、ワオキツネザルたちの毛並みは悪く、衰弱していて、その赤ん坊は母親につかまる体力もなく落ちて死んでいた。

「北九州市到津《いとうづ》の森公園」の園長であり、獣医でもある岩野俊郎さんは、そこで研究していた京都大学の学生からこのワオキツネザルの衰弱について、学者たちが「ブラウンキツネザルとの競合」、「毒性のある食物の採食」、あるいは「寄生虫の発生」などの仮説を闘わしていると聞かされ、霊長類学者たちの見識のなさに愕然としていた。獣医学の常識からは、このような毛並みの悪さや衰弱は、栄養の貧困以外にはありえないと言う。それは、競合種との競争に負けたサルの姿そのものだった。

このブラウンキツネザルの導入に賛成した学者たちは、もともとブラウンキツネザルが生息していなかったのだから、導入してもワオキツネザルとの競合に負けるだろうと、高をくっていたのかもしれないが、それは甘かった。

たしかに、保護区の外のマダガスカル南部の極乾燥の森林ならば、熱帯森林棲のブラウンキツネザルが生存できたとは思えない。しかし、ベレンティ私設保護区には多くの移入種の植物があり、川辺の林を中心とする人為的影響のつよい森林で、しかもご丁寧に水場が各所に設けられてある。ブラウンキツネザルが繁殖できる条件は整えられていた。

表面的な観察だけでは、このふたつの種の競合関係は見えてこない。昼間、ワオキツネザルとブラウンキツネザルが出会うと、ブラウンキツネザルの群はワオキツネザルの群をちょっと避ける。決して遠くまで逃げることはないが、避ける行動をする。それを見ただけでは、ブラウンキツネザルの生態的優位は理解できないだろう。だが、ブラウンキツネザルの適応性の幅は、ワオキツネザルよりも広い。飲み水の条件が整えられた場所では（乾燥地帯であっても）、昼夜行性のブラウンキツネザルが、昼行性のワオキツネザルと同じ食物を競えば、ブラウンキツネザルの勝利は目に見えている。ブラウンキツネザルの繁栄とワオキツネザルの衰弱を見れば、ふたつの種間の競合と優劣は明らかである。

ブラウンキツネザルがワオキツネザルの赤ん坊を襲って殺したことは、人間の功利的な考えだけでの動物移入がもたらした深刻な問題である。これは、人為的環境がどれほど野生の動物たちに影響を与えるかという、実に教訓的な事件でもある。そこには柵もなく、いちおう自然の林が続いている場所であっても、ブラウンキツネザルはまるで飼育下にある動物のように、肉食性を発揮し、他の種を襲って食べるまでに至る。人間がそこにいることだけでも、あたりのサルたちの行動的空間を歪め、精神的空間を腐食し、そのサルの短絡的な原初的な攻撃性をむき出しにするか。

行動は壊れやすい─人為的条件は野生動物の行動を壊す最大の要因である

ヌシ・べのクロキツネザルの例で言えば、餌場までのルートが刈り払われたために、イヌの攻撃を受ける地上の道をクロキツネザルの群はどうしても通らなくてはならなくなった。植生の改変というだけの問題ではない。その道を利用する動物、家畜、そして人間の活動の総和がクロキツネザルや野生動物に大きな影響を与える。

人為的条件とは、人間のあらゆる文化的汚染力の総和であり、そこには環境改変や家畜も含められる。そして、それらによる副次的な影響がまたきわめて強力な破壊的力をサルの社会に及ぼす。

人為的条件のもっとも大きなものに、移入種の問題がある。移入生物は、動物でも植物でも、もとからいた野生動物に強力な影響を及ぼす。それに無自覚だと、思いも寄らぬことも起こる。まして、競合種の移入などをやれば、何が起こるか分からない。

その六　類人猿の社会─ヒトに至る多様な構造

類人猿の社会を、人間社会の原型と考える霊長類学者が多いが、私はそうは思わない。その理由のひとつは、思いもかけない社会をもっている類人猿の多様さである。現在えられる最新データを使って類人猿社会の多様性を紹介し、人間社会につながる道があるかないか、を検討してみよう。

チンパンジーの社会とはどんなものか

グドールは群のような社会構造はないと言っていた

チンパンジーの社会構造がどうなっているのかは、一九六〇年代の長い間、イギリスの研究者と日本の研究者との間で論争の焦点となっていた。西田利貞さんはこう言っている。

「グドールは、チンパンジーには、母子関係以外に個体間の特別の結びつきがなく、したがって群れというような社会的構造は存在しないといい切っていたのです。一時はそれが定説になっていました」(立花、一九九一、一二〇頁)。

ジェーン・グドール(Jane Goodall)はイギリスのチンパンジー研究者で、一九六〇年にタンザニアのタンガニーカ湖畔のゴンベのチンパンジー保護区を訪れ、一九六二年には餌づけに成功し、世界に先駆けてチンパンジーの綿密な研究を始めていた(Goodall, 1963)。

グドールの成功に遅れること四年後の一九六六年に、西田さんがタンガニーカ湖畔のカソゲでチンパンジーの餌づけに成功するまでは、日本の研究者たちは、グドールのデータに匹敵するほどには、社会構造についての観察をすることはできなかった。

しかし、日本人研究者たちは、グドールのチンパンジーの社会構造説に違和感をもっていた。一九六五年九月三日にタンガニーカ湖東岸の内陸フィラバンガで、四三頭からなる大きなチンパンジーの群を観察し、社機構造があると思っていたからである（Itani and Suzuki, 1967）。
この群は、赤ん坊持ちのメス八頭を中心にしたメス一〇頭の集まり、七頭のオトナオスの集まり、そして赤ん坊を持たないメスとワカモノの集まり、という三つの集まりからなっていた（鈴木、一九六六。本書「その二」の、「ニホンザルの行列とその比較図」を参照）。

ランガムは群構造は認めても、両性の集団は認めていないと言うのだが……

一九七三年までには、グドールもチンパンジーの群構造を認めたと西田さんはいうが、それは日本人が考える群の構造とは異なっていたようである。一九七〇年代に、ゴンベでチンパンジーの研究をしたランガムは、チンパンジーにはオスのグループははっきりしているが、両性の集団としては認められないのではないかと、グドールの考えに沿った社会構造論を提出していた（Wrangham, 1979）。

ランガムがそう言う理由は、以下のとおりである。
ゴンベには、オスの単位集団（コミュニティー）がふたつあり、グループ構成は安定していて、しかも同じ場所（コミュニティー・レンジ）を利用しているので、相互の区別は簡単にできる。しかし、メスはそうではない。メスは発情しているときには広い範囲を動くが、ふだんはオス・グループのコミュニティー・レンジよりもはるかに狭い範囲で行動し、しかも個体ごとに別々のコア・エリアを持っている可能性が強い。

オス・グループは、積極的にコミュニティー・レンジを防衛するが、メスにはそういう行動がない。

これらの理由から、ランガムは、オス・グループの広い行動域の中に、メスの個別のコア・エリアがあるタイプではないか、と示唆したのである（断定はしていないが）。

西田さんたちの観察から―メスたちは毎日違う集まりを作っている

では、実際のチンパンジーの離合集散はどうなっているのか？　西田さんは、メスたちが毎日違う集まりを作っているのを観察している（Nishida, 1968）。

その結果は、有名な図（立花隆、『サル学の現在』、一二一頁に再録）にまとめられている。それは、一九六六年の七月三一日から八月三日までの間に、個体識別された六頭のオスと八頭のメスが、集まったり、離れたりする様子を克明に追ったものだった。

あらためてこの図をみると、チンパンジーのグループは、たしかにばらばらである。観察したのは、わずか四日の間だけなのに、オスたちも、全頭がいつもいっしょというわけではない。また、メスたちは、母子と見られる二頭のグループが継続して見られるだけで、別れたり集まったりが頻繁である。また、メス・グループよりもオス・グループのほうが、やや大きなグループで継続的な関係を持っているように見える。

チンパンジーの群を観察してみて

図㉕　シンパンジー。メスと子供たちのグルーミング風景。

私自身が実際にチンパンジーを観察したのは一週間弱で、それもオスの一頭をずっと追いかける西田さんについて行っただけだから、チンパンジーの社会構造について言えることは何もない。しかし、特定のオスを追いかけていたわりには、まわりにはいつもたくさんのチンパンジーがいるのが印象的だった。山道を先回りして待っていると、次から次へと、チンパンジーたちが行列を作って歩いてきた。ニホンザルの群とまったく変らないなあ、というイメージだった。
もっとも、ニホンザルに比べると、彼らはまったく人を恐れなかった。山道で坐っている私のすぐ近くで、母子グループが寝転がってグルーミングをしていたし、子供たちも平気で遊んでいた。また、オスたちも、これは西田さんがそばにいたからだろうが、岩の上に坐りこんで、延々とグルーミングをし合っていた。西田さんは「これを始めると長いんだ」とうんざりしたように言ったが、たしかにオス同士のグルーミングは延々と続き、こればかりはニホンザルではまったく見られない光景だった。

チンパンジーでは、オス同士の関係は非常に深いが、メスたちは実によく分散をくりかえす。しかし、だからといって、グドールの言うように、「継続的な関係は母子グループだけで、あとはばらばらだ」とは言うことにはならない。母子が延々とつながる行列を実際に見ると、伊谷さんと鈴木さんが大きな群を見たときに、チンパンジーの群構造を確信したことは理解できる。


チンパンジーの社会構造に関する議論を、上原重男さんがまとめた

このように続いたチンパンジー社会に関する議論を、上原重男さんが以下のようにランガム説への反論としてまとめている（上原、一九八一）。この論文では、まず一九六六年から一九七四年までの期間に、Kグループの各個体の行動を月別一覧にまとめて、オスの安定性に比べメスが不安定なことを示している。

次に、一九七六年から一九七八年の間の観察では、KグループとMグループとの間で、不安定なメスに焦点をあて、メスが群の間をどのように移動しているかをまとめている。

これらのデータから、上原さんは、メスには五つのタイプがあると分類する。

第一は、ひとつのオス・グループとだけつき合い、そのオス・グループの地域（ランガムの用語では、コミュニティー・レンジ）だけを利用するタイプ。

第二は、ひとつのオス・グループのコミュニティー・レンジだけを利用するが、隣接グループと重複する地域では、隣のグループともつき合うタイプ。

第三は、ふたつのオス・グループのコミュニティー・レンジを広く利用し、両方のオス・グループとつき合うタイプ。

第四は、隣接オス・グループの地域に移ったが、両方のコミュニティー・レンジの重複部分ではもとのグループともつき合うタイプ。

第五は、他のオス・グループの地域に移って、もとのグループとはつき合わないタイプ。

もっとも、第四と第五は地域全体から見れば、それぞれ第二と第一のタイプと同じことだから、メスには三つのタイプがあると言っていい。つまり、
(1) ひとつのオス・グループとだけつき合うタイプ、
(2) 境界線の重複地域では隣ともつき合うタイプ、
(3) ふたつのグループとつき合うタイプ、である。
しかし、ふたつのオス・グループにつき合い続けるという例はなく、第一のタイプ以外は過渡的な関係であると言ってよいらしい。

このことから、チンパンジーの社会は、時々刻々の離合集散はあるが、お互いに同じ群のメンバーとしての認識があり、群の外縁ははっきりしていると言える。つまり、フィラバンガで伊谷さん

と鈴木さんが見た大きな群が、チンパンジーの社会構造を示していたのである。

これは、長い年月をかけて積み上げたデータで、社会構造論という面倒な話に決着をつけた点で、画期的なものだった。上原さんの研究には、時々そういうところがある。ゆっくりしていて、緻密なのである。


この考察の中で、上原さんはランガムのデータを引用しながら、ゴンベでの餌づけについて触れているが、その実態は興味ぶかい。

「ゴンベでは、一九六八年まで一か所の固定餌場でバナナを使った強度の、その後一年間も比較的強度の餌づけが行われていた」(同上、二九頁)。

上原さんは、ゴンベで研究した。テレキの社会構造論(未見、G. Teleki の博士論文)について、彼はチンパンジーの性年齢構成によって異なる同心円的な構造を提起しているが、その図の中心には餌場があって、ゴンベにおける餌づけの状態を示しているだけだと論破している。しかし、ランガムの社会構造論にもまた、ゴンベでの強度の餌づけの影響がないとは言えない。餌場に出てくる方向から、メスのコア・エリアを推定するなどは、その典型である。

食料分布とメスの関係―ランガムの仮説

ランガムはその後、メスの関係に影響を及ぼす食物分布を重視するようになり、チンパンジーを含めてメスがつよい結合関係をもつ群がどのように形成されるかについて、有名な仮説をたてた

(Wrangham, 1980)。

ランガムは、高い質の食物のある場所が限られていると競合が起こり、その結果メスの結合関係が強い群構造が生まれる。それは、協力して他の群を排除することがお互いに有利になるからである、と言う。

さらにランガムは、複雄群が生まれる構造についても語っている。メスの結合関係が強く、テリトリーを持っていない場合に複雄群が見られるが、それは、複雄群を作れば他の群よりも競争能力が高く、メスに寄与するからだ、と言う。

この議論は、生態と社会を結びつけて考え、一九八〇年代の研究をリードしたものだった。もっともランガムは、この論文の中で、チンパンジーでは、メスが個別のコア・エリアを持っている、と主張はしてはいない。

メスの空間的位置にかんするランガムの指摘

チンパンジーのメスの空間的位置については、ランガムの指摘は当たっている。メスは、オス・グループと緊密な関係を持つことで安定するが、安定度が高いのは、主たる生活場所がオス・グループのコミュニティー・レンジの核になる場所に定められた場合である。

そのあたりの感じを、西田さんと川中さんは、チンパンジーの群内の子殺しに触れた論文で、次のように言っている。

「結論として、群内子殺しは群間子殺しの延長であろう。私たちのこの仮説が示すのは、もしも移入してきた子殺しをされたメスがグループの活動域の中心部分にその新しいコア・エリアを確立したならば、子殺しもなくなり、攻撃されることもなくなるということである」（Nishida and Kawanaka, 1985、二八三頁）。

では、実際にはチンパンジーの群サイズとその構成はどうなっているのだろうか？

平岩・長谷川真理子さんたちは、アフリカ各地のチンパンジーのグループ・サイズをまとめている（Hiraiwa-Hasagawa *et al.*, 1984）。それによると、マハレのチンパンジーでは、Mグループが一〇五頭（一九八一-一九八二年）、Kグループが九～三七頭だった。これに対してゴンベでは、一九六五年から一九七一年まででは四四～六〇頭（カサケラグループとカハマグループの合計）、一九七二年から一九八〇年のカサケラグループは三七～五八頭だった。

オトナのオスメスの性比は、マハレのMグループでは一対三・六だったが、ゴンベでは〇・七から二・八までさまざまだった。ともあれ、タンガニーカ湖畔のチンパンジーのグループ・サイズは、最盛期のMグループには及ばないが、マハレとゴンベで、そう変ってはいない。

チンパンジーでは、他のサルでは見られないタイプの殺害事件が起こっている。チンパンジーの子殺し事件は、ほかのサルのものよりも複雑であり、メスによる子殺しさえ見られている。さらに、他のサル類とはまったく異なり、チンパンジーはオトナのサルを集団で殺すことがある。これらの事件は、例によってその社会の秘密を探るキーとなる。

チンパンジー社会での子殺し

チンパンジーで最初に見られた子殺しは、すでに述べたように一九六七年のウガンダのブドンゴの森でオスが赤ん坊の死体を食べた例（Suzuki, 1971）と、一九七一年にタンザニアのゴンベで、オスのチンパンジー五頭が二頭のメスを襲って、赤ん坊を取り上げ食べた例（Bygott, 1972）である。これらの例では、赤ん坊を殺して食べたという点が衝撃的だった。ニホンザルの子殺しでは、せいぜい指を食べるくらいである。しかし、チンパンジーは、赤ん坊のかけらも残さないほど食べており、食物としての利用、つまり捕食行為の一種ではないかと考えられたほどで、この点がほかのサルの子殺しとはまったく違っていた（ブラウンキツネザルの例はあるが）。

このチンパンジーの子殺しは、観察例が増えるほどその特別な事情が明らかになってきた。それらの情報は、主にタンガニーカ湖東岸のふたつの国立公園で観察されたものである。北のゴンベ川周辺では、ジェーン・グドールのグループが、南のマハレ山塊では西田利貞さんのグループが、それぞれ長期の研究を続けている。

ここでは、マハレ山塊の資料をまず当たることにしたい。第一次情報が詳細にに公刊されているし、西田さんを初め、研究にたずさわってきた多くの人々が知り合いである。それぞれの論文に詰めこまれたデータの解釈にも力が入るというものである。

一九六五年に西田さんがタンガニーカ湖畔にカソゲ基地を開設して以来、すでに四〇年近い年月が経っている。二〇〇二年に刊行された『マハレのチンパンジー〈パンスポロジーの三十七年〉』には、一九九九年までのデータが揃っていて、この長期にわたる継続した研究の実態が手に取るように分かる（西田ほか編、二〇〇二）。

ここでやってみたいのは、その長期の研究の間に積み上げられたチンパンジーの子殺しの背景となる社会的問題を示すことである。それが見えてきたら、今度はその視点でゴンベの子殺しや、オトナ殺しの問題を調べてみよう。

マハレ山塊のチンパンジー

マハレ山塊のチンパンジーの研究が始まった一九六六年当時には、この地域には六つのユニット・グループ（あるいはコミュニティー）が確認されていた。グループ・サイズは最大一〇〇頭程度で、タンガニーカ湖岸に沿って北からB、K、M、Nの四グループが並び、その奥にHとSの二グループがいた（Nishida, 1968）。

この地域は（一九八五年）に国立公園に指定されたが、それはマハレ山塊（最高標高二四六〇メートル）のタンガニーカ湖（海抜七八〇メートル）側、一六一三平方キロのひろがりをもっていた。

湖岸でのチンパンジーの餌づけは、一九六六年にKグループ、一九六八年にMグループで成功した。マハレではゴンベで行われていたバナナを一か所で大量に与える方式とはややちがっていて、サトウキビを植えつけたり、研究者が追跡中に適宜サトウキビを与えるなど、より人為的影響の少

上＝図㉖　タンガニーカ湖から見るマハレ山塊。
下＝図㉗　山の中腹からマハレの植生を見る。

ない方法で行われていたが、一九八七年に中止された。

ゴンベでチンパンジーの同種殺しが報告されたとき、原因はバナナによる強度の餌づけのためだろうというのが、当時の研究者の一致した見解だった（Nishida, Uehara and Nyundo, 1979、一頁）。マハレでは、子殺しは非常にめずらしい事件だったからである。

しかし、マハレでもしだいに同種殺しが観察されるようになる。

マハレ山塊のチンパンジーで観察された子殺し

以下に、マハレ山塊で観察された子殺しの状況をまとめてみた。

マハレ山塊のチンパンジーで観察された子殺し一覧

年	月	殺し屋の性年齢（グループ名）	殺されたものの性年齢（グループ名）	食べられたか？	文献
一九七四	四	オトナオス（Kグループ）	赤ん坊三歳オス（Mグループ）	yes	（1）
一九七六	一	オトナオス（Mグループ）	赤ん坊一・五歳オス（Kグループ）	？（死体不明　注：直接観察ではない。）	（1）
一九七七	一	オトナオス	赤ん坊二か月オス	yes	（2）

		(Mグループ)	(Mグループ)		
一九七九	六	オトナオス (Mグループ)	赤ん坊一・五か月オス (Mグループ)	yes	(3)
一九八三	七	オトナオス	赤ん坊一か月オス	yes	(4)
一九八三	一二	若いオス (Mグループ)	赤ん坊三か月 (Mグループ)	yes	(5)
一九八五	七	オトナオス	赤ん坊一〇か月	yes	(6)
一九八九	一〇	オトナオス (Mグループ)	赤ん坊六か月オス (Mグループ)	yes	(7)
一九九〇	七	オトナオス (Mグループ)	赤ん坊五か月オス (Mグループ)	yes	(7)

(1) Nishida, Uehara and Nyundo, 1979. (2) Norikoshi, 1982. (3) Kawanaka, 1981. (4) Takahata, 1985. (5) Nishida and Kawanaka, 1985. (6) Masui, 1986. (7) Hamai, Nishida, Takasaki, and Turner, 1992.

このほかに突然赤ん坊がいなくなった四例があり、子殺しが疑われている。平岩・長谷川さんが子殺しとして掲載している一九八一年に観察された三・五か月のオスの赤ん坊と一か月のオスの赤ん坊の二例は、突然いなくなった例であり、いちおう別に扱うことにする。

また、一九七九〜一九八八年の間に、死亡したチンパンジーの死亡原因は、病気二八頭、攻撃一〇頭、母親の死五頭、不明一五頭であった（Nishida *et al.*, 1990）。

一九九〇年以降、マハレでは子殺しや同種殺しは見られていない。わずかに、その試みが観察されただけである（Sakamaki *et al.*, 2001）。

マハレとゴンベで、研究開始から餌づけを経て、子殺しにいたる過程を図にまとめてみた（一九三頁、図㉘）。マハレで最初の子殺しが見られたのは、餌づけ後八年目の一九七四年であり、餌づけ中止後の四年間は子殺しが見られているが、それ以降はない。これは特に目につく傾向ではないだろうか？

これは、三〇年以上のデータを見た上での「後からの感想」というもので、子殺しが見られたそれぞれの時点では、さまざまな理由が考えられていた。そのあとを追ってみよう。

その一　群間の子殺し

一九七九年の西田・上原・ニョンド論文では、群内の子殺しは群間の子殺しの延長であり、母親をメスに変える機能（子を殺してオスと交尾可能になるという意味？）を持っているのだろうと推定した。だが、これでは殺した赤ん坊を食べる理由が分からない。

その二　不思議な行動

一九八二年の乗越論文では、マハレで見られた子殺しがなぜ起こるのかについて、将来の課題だとしている。母親は一九七三年にKグループから移入してきたものだが、すでに四年たっており、別の群の子という理由はないからである。また、赤ん坊を食べるという行動も理解しがたいとしている。

ゴンベでは、殺された赤ん坊の死体をオスが叩いたり、グルーミングしたりするという異常な行動が見られたが、マハレではそういうことはなかった。また、ゴンベでは、第一位のオスが、他のメスが奪った赤ん坊を、母親が取り返す手助けをしたことが観察されているが、このような行動はマハレでは観察されなかったことをつけくわえている。

その三　若いオスによる子殺しという特例

一九八五年の西田・川中論文では、赤ん坊を殺されたメスは、それまで周辺地域を動いていたので、父親がどちらの群かが分からずに疑われたのではないか、と指摘している。つまり、最初の論文と同じように、交尾をめぐるオスの競争として、群間の殺しが群内に延長されたのだ、とした。

しかし、これは若いオスによる子殺しであって、Mグループではこれが唯一の例だった。この経過を詳しくみると、チンパンジーの子殺しの実態がよく分かる。

一九八三年、Mグループ（オトナオス一一頭、約三六頭のオトナメスと五二頭の未成熟個体で、合計一〇〇頭以上）には、アルファ・メール（第一位オス）のほかに三頭の高ランクのオス、四頭の中ランクのオス、そして三頭の若い低ランクのオスがいた。子殺しをしたのは、このもっとも低ランクの若いオスのカサンガジだった。

子殺しをされたメス（チャウシク）は、一九五八年にKグループで生まれ、一九六八年に一時Mグループに移り、一年後にKグループに戻った。そこで一九七四年にオスを産んだが、その子が五歳の時、一九七九年にはMグループに再度入り、一九八三年九月にオスの赤ん坊を産み、これが子殺しにあった（この綿密な記録には驚いてしまうが）。

一二月一五日、午前一〇時二九分、観察者がMグループを見つけた時には、チャウシクは三か月の赤ん坊を連れずに歩いており、その少し前をカサンガジが赤ん坊の死体を持って歩いていた。あたりにオトナのチンパンジーはいなかった。

一〇時四五分には、赤ん坊の頭と両足はすでに食べられてしまっていた。

午前一一時までの間に、一二頭のチンパンジーが彼らと出会い、何頭かが死体の肉をせがんだが、そのうちのメス一頭が肉を手にいれた。

午前一一時には、群内のほとんどのオスを含む大きな群がカサンガジのまわりにでき、オトナのオスたちはカサンガジから死体を取ろうとして、一部の肉を手にいれた。

一一時三八分には、中位のオトナオス（ルブルング）が半分になった死体をカサンガジから取り上げることに成功し、他のオスたちにも分けた。ルブルングは午後一時三八分までに死体を全部平らげていた。アルファ・メールたち（第一位のオス他、高ランクのオスたち）はこの直後に現れた。

不思議なことに、カサンガジとチャウシクとの関係は、実は非常に密接なものだった。

チャウシクが一九七九年にMグループに入ってきたとき、カサンガジはまだ完全なオトナではなかったが、彼女のいちばん密接な性的なパートナーになった。もっとも、一九八一年三月から一九八二年五月までの観察記録では、Mグループの一三頭のオスのうち、チャウシクと交尾をしたのは一一頭であり、その合計五〇回のうち五回がカサンガジとの交尾だった。

赤ん坊が生まれてからの三か月間に、チャウシクがグルーミングをしたのは四頭のオスで、それにはカサンガジは入っていない。また、チャウシクのグルーミングはアルファ・メールと高ランクのオス二頭に対して集中していた（七四・三パーセント）。

こうなってくると、仲が良かったメスが、高ランクのオスに乗り換えたので、若いカサンガジが嫉妬してメスの子を殺した事件だと思えてくるが、それはどうか？　チンパンジーの行動を人間の感覚で処理することはできない。なにしろ、食べてしまうのである。

また、メスが他の群のオスの子供をやどしていた可能性が、子殺しを引き起こしたという考え方はなりたたない。チャウシクは確かにMグループとKグループのかつての重複地域で生活していたが、一九八二年一二月までにKグループの性的に成熟したオスはすべていなくなっていたから、Kグループの赤ん坊のはずはない。

その四　チンパンジーの子殺しの特徴

一九八七年の平岩・長谷川論文は、群間ではオスによる子殺しがあり、群内ではオス・メス両性による子殺しがあることを指摘している。また、子殺しの原因として、メスの子殺しはメス間の食物をめぐる競争であり、オスの子殺しはコミュニティーを別にするオス間の競争があるのではないか、と言う。

その五　オス間の競争が子殺しにつながる

一九九二年の浜井他の論文では、赤ん坊を殺されたメスはMグループ以外のオスと交尾した可能性はないが、群の中心的なオスと交尾関係になかったことが問題だったのではない、と指摘する。この場合もまた、ハヌマンラングールの例のように、オス間の競争が子殺しにつながるという仮説が支持されると、まとめている。

マハレの子殺しの全体像

マハレの研究者たちは、子殺しを以上のようにまとめているが、それでも、子殺しの起こる年と、子殺しの起こらない年があるのはなぜかを説明できないし、群の中での子殺しがなぜ起こるのかは、統一的に説明されていない。

統一した説明をするためには、チンパンジーの子殺しの全体像を知ることが必要になる。では、Mグループでは、何頭の赤ん坊が生まれ、殺されてきたのだろうか？　一九七九年からの一〇年間については、Mグループの赤ん坊（三歳まで）の数とその年に生まれた新生児の数、そしてその年に殺された赤ん坊の数が分かる（次頁参照）。

	'79	'80	'81	'82	'83	'84	'85	'86	'87	'88	文献
子殺し数	1	0	2	0	2	0	1	0	1?	1?	
生まれた数	5	8	12	8	2	9	7	5	6	10	Nishida *et al.*, 1990
三歳以下	—	20	20	24	18	23	20	13	10	20	西田、2002

注：ここでははっきり子殺しとはいえないが、赤ん坊が健康だったことが分かっていたのに、急にいなくなった例も？をつけて示した。また、三歳までの頭数を示したのは、殺された赤ん坊の最年長が三歳のためである。しかし、七九年以降には、一歳以上の赤ん坊で殺された例はない。

こうして見てみると、この期間に生まれた赤ん坊の数七二頭に対して、子殺しの数は確実なもの四頭、不確実なものを合わせて八頭となる（その割合は五・六〜一一・一パーセント）。この損失は大きい。ことに一九八三年に生まれた赤ん坊が皆、子殺しにあっていることは！　そして、一九九〇年の子殺しを境に子殺しは見られなくなる。その試みは観察されているが（Sakamaki *et al.*, 2001）。

これがマハレのチンパンジーの子殺しの歴史だ。

チンパンジーの生息環境の人為的影響

子殺しの全体像を知るために、もうひとつの情報として、人為的な影響の程度も欠かせない。日本人研究者が手をつけるまで、なぜ、マハレにチンパンジーが生き残っていたのか？　西田さんの説明は、簡単で明瞭である。

「答えは簡単である。人口密度が小さく、生産性の低い道具を使って、人々が伝統的生活を送っていたからである」（西田、二〇〇二、一一頁）。

「伝統的生活」の中には、慣習上木を切ることができない森の存在もあった。それがマハレの昔の状態だった。

Mグループが餌づけされたのは、Kグループが餌づけされた二年あとの一九六八年で、一二年の歳月をかけて一九八〇年に個体識別が完成した（西田、二〇〇二）。Kグループからのメスの移入は、一九七二年に始まり、一九七九年から多くなったが、一九八四年まで続いた。Mグループと抗争を続けたKグループでは、メスの多くがMグループに吸収され、オトナオスは一九八三年には完全にいなくなってしまい、群が消滅した。


群同士の競合と一群の消滅が、餌づけに関係があるかどうか分からないが、餌づけが群間に緊張関係を与えたことは確実だろう。私は、この緊張関係の中で子殺しが起こっていたと、どうしても考えてしまう。

極めて不思議なことに、同一集団内のオトナオスによる子殺しは、他の地域、ゴンベ（後述）、キバレ（東アフリカ、ウガンダ）、タイ（西アフリカ、コートジボアール）では知られていないのだ。これは、なぜなのだろうか？

それはマハレにだけ起こった事件、隣接したふたつの群への餌づけと、ひとつの群の長い間かかった崩壊とMグループへのメスの吸収が関係しているのではないだろうか？

マハレで観察された子殺し事件が、最初はK、M両グループ間の群間の子殺しであったことは、このふたつの群の間に非常に強い競合関係があったことを示している。その後の子殺しの例が、K群から移入してきたメスに関係するものが多いことから、流動するメスに対する緊張関係が影響したと考えられないだろうか？　これが、チンパンジーでも珍しい群内の子殺しに関係するのではないだろうか？

餌づけの記録、Mグループの頭数と構成の変遷、隣接するKグループの消滅、Kグループからのメスの移入、そして子殺しの起こった年度とその状況の概観にかんするデータを得ると、ある程度までマハレのチンパンジーに起こった子殺しの社会的背景が浮かびあがってくる。

チンパンジーの社会は、群の活動範囲（コミュニティー・レンジ）中にメスが生活場所を確保することによって成り立っている。そのメスたちと赤ん坊を守るようにオスが配置されてできるのが、チンパンジーの社会なのだろう。

チンパンジーのメスが生活場所を選ぶのは、果実を選んで食べるという食性によって決定されているのだろう。川辺林が乾燥森林の中に広がるマハレ山塊のような植生では、チンパンジーの食物となる果実の分布は、その植物の種によっても季節によっても特定の場所に限られてくる。それらの食物を効率的にあさるために、離合集散を繰り返す集合方式がとられるのだろう。オスがグループを作るのは、実った果実は複数のメスたちとオスたちを充分養うことができるほど多いので、複数のオスがメスと出会い、交尾する機会ができるためではないだろうか？　とうぜん、このような場合は、たくさんの果実に引かれて他のオスたちも集まる可能性があるわけで、グループで対抗することが有効な対策となるのだろう。

この考え方はランガムの仮説にもっとも近い。しかし、オスたちのグループができるのは、この構造によって集まる他のオスとの競合関係のためだという点が、補足意見である。このチンパンジーの群構造が、マハレの子殺しを説明する。

このチンパンジーの社会構造のために、新しい餌場ができた場合はオス・グループ間の競合が激しくなる。その餌場がかつてチンパンジーの知らなかったタイプの、いつも食べられる果実が実っている構造（餌場）であれば、競合は異常に高くなるだろう。チンパンジーたちがそれに頼ってきた季節によって静かに移り変わってゆくタイプの果実の実る木々とはまったく違う、大きな果実の木ができたのと同じことだからである。

そこではかつてなかった競合が起こる。メス同士にも、オス同士にも、そして群同士にも。その結果は、群同士の間の生存をかけた競合であり、ひとつの群が消滅するほどの激しいものとなる。子殺しは、この競合関係の中で起こった。

マハレの子殺しと、ゴンベの子殺しの類似性

このマハレの情報を背景に、北に二〇〇キロ離れた、同じタンガニーカ湖東岸に位置するゴンベ国立公園でのチンパンジーの子殺しの例を見てゆくことにしよう。

チンパンジーの子殺しをひきおこしたのは、群の間の緊張関係、一群の消滅、あるいは積極的に意味づければ解体という一連の過程なのではないだろうか？　私がそのように考えるのは、マハレとほとんど同じ過程がゴンベでも起こっているからである。

ゴンベ国立公園は、面積三二平方キロ（五二平方キロとも）の細長い保護区である。その最高標高は一五七一メートルだから、マハレ国立公園に比べると標高で一〇〇〇メートル低く、マハレ山

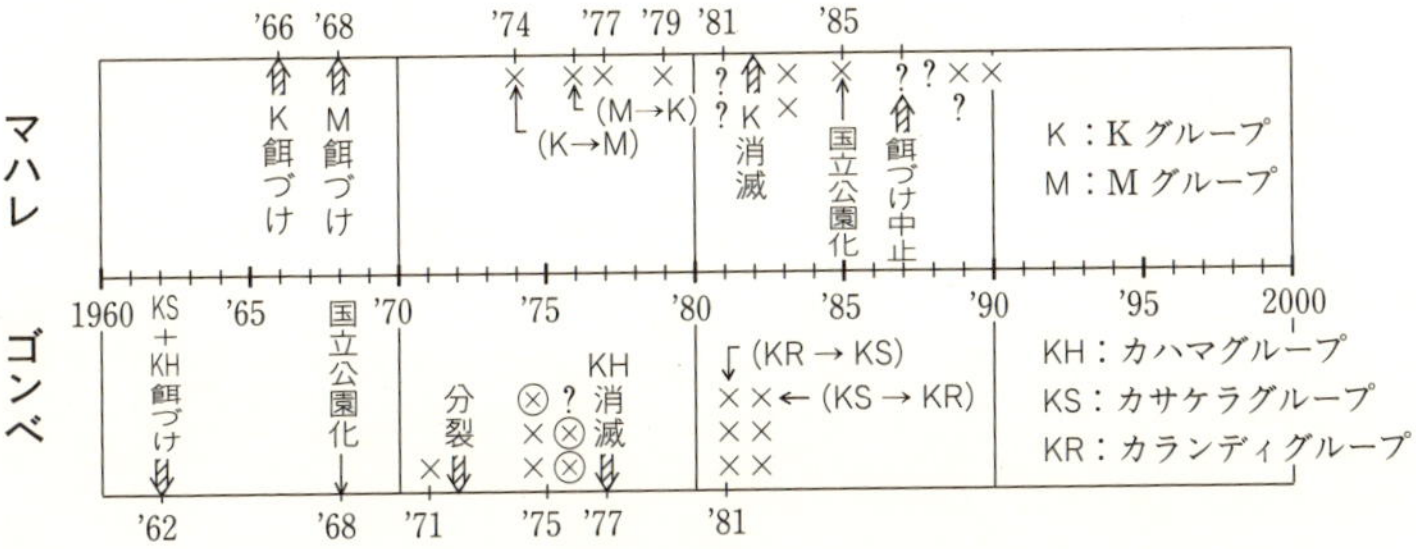

図㉘　ふたつのチンパンジー研究地の歴史
凡例：×：子殺し１件を示す
⊗：メスによる子殺し
？：子殺しか？
(K → M)：Kグループによる M グループへの攻撃
(KR → KS)：カランディグループによるカサケラグループへの攻撃

塊のような奥行きはないし、面積ではマハレの五〇分の一（あるいは三〇分の一）、つまり二パーセント（あるいは六パーセント）でしかない。そして、チンパンジーの行動域は、ゴンベで最大一五平方キロ（一九七七年のカサケラ・コミュニティー。グドール、高崎他訳、一九九四）、マハレのMグループでは一九・四平方キロ（Hasegawa, 1990）である。もちろん、チンパンジーの行動域は、環境によってまったく違ってくるが、この狭さは、この保護区の初めからの大きな問題だった。

ゴンベ国立公園のチンパンジー

ゴンベはアフリカの野生の楽園のように描かれてきたが……

ゴンベはグドールの名文に描かれ、アフリカ奥地の野生の神殿のように考えられてきた。しかし、それは充分な広さの保護区ではない。

「ゴンベ国立公園は、一番広いところで幅三キロメートル、長さもタンガニイカ湖の東岸に沿って一六キロメートルにも満たない細長い帯状の起伏に富む地域なのである。三つのチンパンジーの単位集団にとっては、みじめなほど狭苦しい砦にすぎない」（グドール、高崎他訳、一九九四、三二四—三二五頁）。

東側の湖岸には一〇〇〇人もの漁師たちが野営し、他の三方は村や耕作地で囲まれている。北はブルンディとの国境地帯で、南にはタンザニアの鉄道終点の町キゴマがあり、人里は近い。

グドールは、一九六二年に世界初のチンパンジーの餌づけに成功し、カサケラ—カハマ集団と名づけた。この地域には、北にミトゥンバ集団、南にカランデ集団があって、全集団の合計頭数は一六〇頭程度と見積もられている。これは他から隔絶した動物個体群としては、危機的なほどに低レベルの個体数である。

ゴンベにおけるチンパンジーの子殺しの実態

餌場を利用した二つの集団は、一九七〇年代初頭には分裂がはっきりして、北のカサケラ集団と南のカハマ集団ができたが、一九七九年にカハマ集団が消滅した。その間、バイゴットが一九七一年に最初の子殺しを観察して以来、しばらく子殺しは見られなかったが、一九七五年と一九七六年に、まるで堰を切ったように、続けて六頭もの子殺しが観察された（Goodall, 1977）。

上＝図㉙　タンガニーカ湖からゴンベを見る。植生が乏しい。
下＝図㉚　ゴンベの村を行くチンパンジーのオス。

この観察が衝撃的だったのは、うち三頭は同じ群内のメスの親子によって行われたことである。一九七五年八月に、パッションというメスが、他のメスの赤ん坊（生後三週間のメス）を取って殺して食べ、引き続き、翌年一〇月一一月にも、同じチンパンジーが生後三週間の赤ん坊二頭（どちらもオス）を殺して食べたのである。

パッションは、母親に攻撃をしかけて打ちのめし、母親から離れた赤ん坊が間違えて自分の腹にしがみついたことを利用した。

「パッションは勝負があったと確信すると地面に腰をおろし、恐れおののいているあかんぼうを自分の腹から引き剝がし、その小さな前頭部にがぶりと深く嚙みついた。即死だった」（グドール、高崎他訳、一九九四、一二二頁）。

もっとも、これはグドールの直接観察ではなく、公園のスタッフから聞いた話の描写なのだが、グドールは聞いただけで、その光景を実際に見たように再現し、描写できる特別な能力を持っているようだ。

パッションに関係する事件が起こっている期間の、一九七五年一〇月と一一月には、カサケラグループのオトナオス三頭が、よそ者の一〜二歳のオスの子供を襲って殺し、また一九七六年一月には、カサケラグループの生後一週間のオスの子が殺されるという事件が相次いだ（最後の例では、殺し屋はどの群のものか分からない）。

だが、一九七五年十月の子殺し事件では赤ん坊が食べられたが、一一月の例では、攻撃したオスと別のオスが、傷ついた赤ん坊をグルーミングしたり、抱いたりしており、赤ん坊が食べられることはなかった。

ゴンベの子殺しの社会的背景―「四年戦争」でマハカ集団は消滅し……

これらの子殺しには、社会的背景がある。子殺しが頻発する直前の一九七四年に、グドールが「四年戦争」と呼ぶ集団の分裂が始まっていたのである。この「四年戦争」とはどういうものだったか?

「それは、マイクが首長だった時代が終わりに近づいたころのことで、一四人のおとなの雄がいたのだが、そのうちのヒューとチャーリー、そしてわたしの古くからの馴染みのゴライアスを含む六人が、次第に単位集団の遊動域の南半分でより長い時間をすごすようになったのである」(同上、一六二頁。チンパンジーを「人」と数えるのは、訳者による)。

一九七一年には、北のカサケラ集団と南のカハマ集団がはっきりした別の集団になっていた。そして、一九七四年一月に、カサケラ集団のオスがカハマ集団を攻撃し始めた。グドールに描かせると、それはまるで人間の集団の攻撃のようだった。ひそかに忍び寄ったカサケラ集団のオスパトロール隊は、一頭で採食していたカハマ集団の若いオスに襲いかかり、片足を握って地面に引き倒すや、両手で犠牲者の両足をおさえつけ、うごけなくなったところを他の四、五頭のサルがなぐり、踏みつけ、噛んだという。この攻撃を受けた若いオス、ゴディはその後姿を消したが、この攻撃がもとで死んだのだろうとグドールたちは考えている。

これ以後、カサケラ集団のオスたちによるカハマ集団への攻撃は、オス（一九七四年二月）、年寄りのメス（一九七四年九月から一九七五年五月）、年寄りオス（一九七五年二月）、オトナオス（一九七七年五月）と続き、最後に残ったオスのスニッフが殺されて、カハマ集団は消滅した（一九七七年一一月）。

その一年後、こんどはカサケラ集団が攻撃されるようになった。一九七八年から一九七九年にかけて、カハマ集団の南にいたカランデ集団が北上して、カサケラ集団はカハマ集団消滅後手に入れていた南の行動域を失うことになった。一九八〇年にはカサケラ集団の悪名高き子殺しメス、パッションが大怪我をしたが、これはカランデ集団に襲われた可能性が強い、とグドールらは考えている。

一九八一年にはカサケラ集団のオトナオスが消え、その死体が発見された。また同年、九月から十月にかけて、二頭の赤ん坊（一歳と三歳）が見えなくなったが、母親の怪我からみて、カランデ集団に攻撃された可能性が強い。

一九八二年、カランデ集団のオス・グループが餌場に現れて、カサケラ集団のメス、メリッサを攻撃した（同上、五二六頁）。これはカサケラ集団の本拠地が襲撃された事件だった。しかも、北からミトゥンバ集団が広がってきて、カサケラ集団の一九八一年の行動域は一九七七年の約四割の六平方キロまで落ちこんだ。もっとも、これ以降はカランデ集団が餌場に現れることはなく、その後カランデ集団の行動域は広がり、安定してきたという。

餌づけ当初のゴンベと、餌づけ後の社会変化

グドールは、一九八六年に書いた総合研究報告書で、餌づけ当初の状況の微妙な感じをよく示している（グドール、杉山・松沢訳、一九九〇）。

グドールがゴンベ・ストリームに初めて来た一九六〇年には、カコンベ谷へ北と南からチンパンジーのグループがカコンベ谷へやって来て、両グループのメンバーが入りまじってイチジクを採食し、また元の方向へ戻ってゆくのが観察されたという。餌づけ開始の一九六二年当時は、合計一九頭のオス（オトナも若ものも含め）が来たが、「一九六六年までは、その雄たちを明らかに二つの集団に分けることができた」（同上、五一二頁）。グドールは、これをひとつのグループ内の二つのサブ・グループと考え、全体を「KKコミュニティー」と呼んだ。しかし、一九七一年からはこれら二つのグループが分かれて行動することが多くなった。

「また、南の集団がだんだん基地にやって来なくなった……。その時期はちょうどバナナの供給量を減らした時期と一致している」（同上、五一三頁）。

こう書いた上で、グドールはそれだけが原因ではない、と言っているが、それに続く一九七一年の状況をまとめたうえで、以下のように書いた。

「KKコミュニティーが分裂する可能性は、すでに一九六〇年代初期にあったといえる。ただその過程は、われわれが毎日バナナを撒いたために妨害され、（おそらく雄の数が多くなりすぎたため）一〇年後に再開したのだろう」（同上、五一三頁）。

この記述は、彼女の説明よりも雄弁に事態の原因を物語っている。たぶん、一九六〇年代には、

バナナをたくさん撒いたために、ふたつのグループを餌場がまとめる形になっていたのだろう（三群二〇〇〇頭のニホンザルでさえ十分な餌があれば、一つの餌場にまとめることができる大分県高崎山の例がある）。ところが、一九七一年にバナナの供給量を減らしたために、南の集団がはっきりと別れるようになった。ふたつのグループは、一時安定するかに見えたけれど、激突し、「四年戦争」の後に南のグループが壊滅するに至ったのである。

餌づけとチンパンジーの運命

チンパンジーに見る特別な同種殺し

チンパンジーの同種殺しは、これまで見てきたサルの子殺しとまったく違った様相を見せている。

第一に、群の乗っ取り、群内順位の変動、オス関係の不安定さ、といった、人間の感覚で考えても、無理もないと思われるような原因がないこと。

第二に、群内での子殺しがあること。血縁関係があろうとなかろうとそれが群として成立するためには、群内での赤ん坊たちの安全が確保されなくてはならないが、それが破られている。

第三に、殺して食べてしまうこと。それもほとんど完全に。しかもほかのチンパンジーが殺し屋に分配を要求し、何頭かで食べている。

第四に、殺されるのは新生児だけでないこと。三歳の赤ん坊も殺されて食べられ、オトナのオスもメスも殺されている。

第五に、オトナのメスによって同じ群の赤ん坊が殺されて食べられていること。

これらの特徴が「性淘汰仮説」で説明できないことは明らかである。

チンパンジーの同種殺しを生む特別な条件とは何か？

このような特別な子殺しと同種殺しは、やはり特別な条件によって生まれたと考えるべきだろう。では、その特別な条件とは何か？

マハレでは二つのグループに二か所で、ゴンベでは二つのグループに一か所で餌づけが行われていた。どちらの子殺しも、グループ間の緊張関係、一方のグループの消滅という経過の中で子殺しが起こっている。チンパンジーの子殺しには、他の霊長類の場合とは異なり、人間の感覚で納得しやすい条件がないように見えるが、社会的背景を広くさぐるとその理由が見えてくる、と私は考えている。

人間と同じように、チンパンジーもまた社会的ストレスの中で毎日を暮らしている。そこに人為的な条件が加わると、ストレスが一挙に加速され、行動を統御していた社会的規範が破壊される。そこで、合目的的に作られた社会的行動が、むき出しの短絡的衝動に支配される。

考えてもほしい。チンパンジーたちは人間のような生活をしていたわけではない。深い森の中で、時期ごとの果物を探して暮らす生活である。そこでは、微妙な合図だけで、お互いの間の関係が維持されるような社会を築いていたはずである。果物のできぐあいといい、その実りの移りかわりといい、毎日、毎週、毎月の単位で、ゆっくりとしかし確実に予測できる植物世界が生活のベースだったはずである。

だが、餌づけは違う。人間の行なう予測不可能な行動に一切が支配される。チンパンジーが森の生活の中で作り上げてきた、人間には感じられないような、微妙な社会行動規範が、餌づけによって壊されるのは当然だっただろう。

もちろん、チンパンジーがまったくの自然状態にあっても、ときには子殺しは起こるだろう。しかし、ひとつの群が急に消滅するというような特別な事態が、自然に起こる可能性はごく低い。自然状態では、環境変化は徐々に起こり、チンパンジーも対応できるはずなのに、人為による変化があまりに急だったために、彼らの行動規範では対応できなくなったのではないだろうか？

一九九七年九月、私はタンガニーカ湖の波に揺られながら、近づくゴンベの森を見て、その狭さと貧弱さに驚愕した。「こんなところだったのか！」と幾度も嘆息した。チンパンジーの研究の聖地であるこの土地に、多数の人々が住む村があった。案内者は、村人はチンパンジーを迫害はせず、むしろ保護活動をし、観光客のためのガイドも出すのだと説明した。それにしても、チンパンジーの保護区の中に村があるとは！

野生動物にたいする人為的影響とは、餌づけだけでない。人間のどんな活動でも、野生動物の正常な社会関係に決定的な影響を及ぼす。森に人の集落が近づいただけで、イヌやウシなど家畜もやってくる。人為的影響とはそういう複合した自然環境の撹乱である。「ゴンベでは、チンパンジーがハヌマンラングールのように生活している」と私は思った。

ボノボの乱婚社会

類人猿の多様な社会構造

類人猿と呼ばれるのは、テナガザル科九種、オランウータン科四種のサルの総称だから、そんなにたくさんの種がいるわけではない。しかし、その社会はそれぞれにユニークである。

テナガザル科のサルは、チンパンジーなどに比べると小型（最大種のフクロテナガザルでも八～一三キロ、そのほかの種は四～八キロ）なので、小型類人猿と呼ばれるが、名前のように足より手がずっと長く、アジアの森林の樹冠で、一夫一婦の家族群を作り、朝夕にテリトリー・ソングを歌って暮らしているらしい。

他方、オランウータン科の類人猿は、種ごとに体重もちがっていて、それぞれに特有の社会を作っている。

大型のゴリラ（体重は、メス七〇～一四〇キロ、オス一三五～二七五キロ、しかし飼育下の最大体重は三五〇キロ）は単雄群とされ、チンパンジー（体重は、メス、二六～五〇キロ、オス三四～七〇キロ）はオスメス複数の複雄群を作るが、その実態は先にみたとおりである。アフリカの熱帯雨林にすむボノボ（ピグミーチンパンジー、体重は、メス二七～三八キロ、オス三七～六一キロ）も、チンパンジーと同じような構成の群を作るが、メス優位である。そして、アジアでただ一種の大型類人猿オランウータン（体重は、メス三〇～五〇キロ、オス五〇～九〇キロ、飼育下での最高は二〇〇キロ）は単独生活者である（体重データは、Nowak, 1999による）。

多様な社会構造を生み出すもの

こうしてみると類人猿の社会は、サルに見られる社会構造のほとんどすべてを網羅していると言ってよい。このような類人猿社会の構造の多様さを説明するのは、その体重の大きさだけでなく、そのオスメスの体の大きさの性差であろう。

テナガザル科の小型種六種のメスのオスに対する体重比は九三・五パーセントであり、大型種のフクロテナガザルでは、九一・八パーセントである。つまり、ほとんどかわりがない。

しかし、ゴリラでは五三・六～六一・一パーセント、チンパンジーでは八三パーセントであるが（注1）。そしてオランウータンでは四二・八～五三・六パーセントで、ゴリラよりもはるかに性差が大きい（データはNapier and Napier, 1967による）。

ボノボには体の大きさに性差がなく、群内のオスメスの個体数が同数である

ボノボはピグミーチンパンジーと呼ばれてきたが、その体は必ずしもチンパンジーよりも小さくはなく、平均体重は三五・五キロで、ゴンベのチンパンジーの平均三五キロとは差がない。しかも、霊長類でももっとも性差が小さい種である。オスメスの体重データは分からないが、頭蓋骨を

測って調べた結果では、メスの平均値はオスの平均値の九八・六パーセントであり、オスとメスの差はほとんどなかった（加納、一九八六、四三頁）。

つまり、ボノボは体格の上では、テナガザル以上にオスメスの差がない。このことがボノボの社会構造に大きな影響を与えることは確実である。同じように性差の少ないマダガスカルの原猿類の知識を参考にすれば、ボノボはメス優位で、さまざまなタイプの社会が可能で、しかも子殺しはない、と予測することができるだろう。

そして実際、ボノボにはさまざまなサイズの集団があり、メス優位で、子殺しはなかったのである。

このアフリカ熱帯雨林の類人猿についても、最初に、そして大きな仕事を成し遂げたのは日本人研究者だった。一九七二年に最初の調査に入ったのは西田利貞さんで、翌年から加納隆至さん（京都大学霊長類研究所）がザイールに入り、調査が続けられてきた（Kano, 1982）。

図㉛　ボノボ。撮影＝小宮輝之。

日本霊長類学の第二世代は、インド、アフリカ、南アメリカでの新しい国際的フィールドを発見することで第一世代の偉業を継承したが、その中でも、チンパンジーとボノボという、アフリカの二種の類人猿の社会構造を明らかにした功績は大きかった。

ボノボは、チンパンジーに比べて集団のサイズがやや大きい。ボノボの集団のサイズは、最小で六一頭、最大七五頭である。他方、チンパンジーの集団サイズは、ゴンベで最大五一頭、マハレでは最大一〇〇頭、ブドンゴでは四三頭、西アフリカのボソウでは二八頭などであり、マハレの一〇〇頭という数字は例外的に群が大きくなった時期であることを考えると、ボノボの集団サイズは大きい。

もっとも、ボノボの大きな集団は、ふたつの亜集団に分かれることがある。興味深いのは亜集団の構成で、オトナのオスメス数が五対五から一三対一二と、ほとんど同じだという点である。チンパンジーの、オス九頭対メス三六頭（マハレMグループ、一九八〇年）からオトナオス五頭対メス二一頭（マハレMグループ、一九九六年）とはたいへんな違いである。この性比は一対一に近く、伊谷さんが「ペアの集合」と呼んだマダガスカルのキツネザル科の群構造を思わせるほどである。

「ピグミーチンパンジーの単位集団の特徴であるワカモノ階級を除くオス・メス間の同数性が保持されている」（加納、一九八六、一〇四頁）。

地域をともにする集団が同時に集まることは少なく、ふつうは「いっしょに移動するパーティー」と呼ばれるグループで生活している。チンパンジーのパーティーは一〜六頭という小さい集団なのに、ボノボのパーティーは平均一九頭であり、オス、メス、コドモがいつも含まれている。この構造は、オトナのオスだけ、オトナのオスとメスだけ、あるいは母子だけのパーティーや単独のオス、メスが見られるチンパンジーとはまったく違っていた。

ボノボの社会に見られる独特の性行動

このように、ボノボの集団は常にオスを含んでいることから、外見上は、一頭のオトナオスに何頭かのオトナメスとコドモが集まるゴリラの集団に近い。しかし、よく見ると、ボノボのパーティーの若いオスは母親に従っている息子であり、パーティーの構成はメスが核で、オスが核のゴリラとはまったく違っている。

ボノボはオスメス同数の集団を作るが、チンパンジーでは、オトナのオス一頭に対してメスは一・二～二・二頭になる。この点について加納さんの次の指摘は非常にするどい。

「これは、オスがいろいろな環境圧によって、メスよりも高い割合で間引きされていることを示している。死亡原因はいくつか明らかにされているが、そのうち重要なものは、後に述べるように、同種内殺害、つまりおたがいに殺しあうことなのである」(同上、一一六頁)。

逆に、ボノボにはこの殺し合いがない。それは、オスメスの性差がないことに加え、ボノボの交尾が乱婚的であること、交尾が挨拶がわりにつかわれること、生殖機能をもたない性的行動があることなど、ボノボ独特の性行動が関係するのかもしれない。

ボノボの交尾は、早朝にパーティー同士が合流した時や、大量の食物を発見した時に盛んに行われる。加納さんが「挨拶的意味をもっているのだろう」と言うほどに頻繁で、サトウキビと交換に交尾をすることもあるのだという。しかし、何よりも興味深いのは、ニホンザルは交尾期にオスがメスを攻撃するが、ボノボには「性行動の中にこのような攻撃的要素は含まれていない」(同上、一九六頁)という点である。それは「オスたちが集団でメスを攻撃することはないが、その逆はいつでも起こりうる」（同上、二三八頁）などの、メスの体がオスと変らないほど大きく、メス優位である社会の特徴でもある。

チンパンジーではメス同士のグルーミングはほとんどないが、ボノボではふつうである。チンパンジーではオス同士のグルーミングがあって、これがいやになるほど長いことは先に述べたとおりである。

ともあれ、ボノボではメス同士の交尾行動に類した友好行動もまた非常に発達している。それは「性器こすり」というボノボに特有の行動である。加納さんによれば、「性器こすり」には、対面性交と姿勢がそっくりの水平型と、枝に二頭がぶら下がる垂直型とがあるという。

成長したメス同士だけでなく、コドモにも擬似性行為がふつうで、オスの赤ん坊は一歳になるまえから母親の性器こすりの相手に抱きつきペニスを挿入するし、オトナのメスもオスも、概してコドモの擬似性行為に協力的だという。オスはメスと交尾したあと、そのコドモが近づいてプレゼントする（尻を差し出す）と、そのコドモがオスでもメスでもペニスを腰か腿にすりつけてやるという（あ然！）。

こうして、性行為にすっかり馴れたボノボたちは、強力なメスたちの仲良し関係が軸となって、オスたちの殺し合いもない、むろん子殺しもない社会を築きあげたのである。

ゴリラの平和な社会

シャラーの時代とフォッシーの時代に見るゴリラの群構造の変化

ゴリラには三亜種があり、マウンテンゴリラのほかに、西と東のローランドゴリラがいる。世界の動物園に送られたゴリラは、このローランドゴリラのほうである。現在では、マウンテンゴリラの生息域は、コンゴ・ルアンダ・ウガンダ国境のヴィルンガ火山地域の標高二五〇〇メートル以上に局限されている。

ゴリラのオスは、その巨大な体と背中の白い毛によってシルバーバックとして有名で、威嚇するときに胸を叩く特有のドラミングの勇壮さでも知られている。シャラーはその動物との輝くような出会いを語る。

「大きな雄に、わたしは目をうばわれた。彼は、短い弓なりになった肢で立ち上がった。背の高さは、約二メートルもあった。

彼は、腕をふり上げて、裸の胸を急テンポで連打すると、また坐りこんだ。わたしがこれまで見た動物のうちで、もっとも素晴らしかった」（シャラー、小原訳、一九六六、五二頁）。

ゴリラとはそういう動物である。シャラーは合計一〇の群を観察し、群の中に、シルバーバックが一～四頭、ブラックバックのオス（若いオス）が〇～三頭、メスが二～一〇頭、コドモが一～五頭、赤ん坊が一～七頭、合計が五～二七頭であることを確認した。

後になって、フォッシーは、同じ地域の四群を観察し、三群にオス一頭、一群にオス四頭がいたという（フォッシー、羽田・山下訳、二〇〇二）。

フォッシーが一頭のシルバーバックを確認した「グループ5」のその後の構成を見てみよう。一九八六～一九八七年にはシルバーバック一頭、ブラックバック三頭だったが、一九九一年にはこのブラックバックが成長してシルバーバック四頭になり、一九九三年には三頭に減っている。この間、オトナメスの数は一〇頭から一二頭とほとんど変らなかった（Watts, 2002）。

この構成は、単雄群と複雄群の混合であり、ひとつの種の中で、いろいろな群構造が現れるところは、ちょうど原猿類のキツネザル科を思わせる。しかし、オスとメスの体の大きさは極端に違っており、そこがメス優位のキツネザル科とはまったく違うところである。それにもかかわらず、ゴリラの群構造は、可変的である。マダガスカルの原猿類ではメスが優位だから、可変的群構造ができるのだと説明した。では、ゴリラは？

山極寿一さん（京都大学助教授）が観察した一九八三年には、上記と同じ場所にオスメスの群二つと、オスだけのグループひとつがいた。そのうち、グループ5のシルバーバックは二頭、ブラックバック一頭、ナンキー・グループはシルバーバック一頭だけで、オスだけの群（ピーナッツ・グループ）はシルバーバック二頭、ブラックバック二頭、若いオス二頭だった（山極、一九九三）。

どうもゴリラは、さまざまな社会構造のバリエーションをもっているようである。ワッツは、その社会構造が野生の馬に似ているという独創的な見解を出している（Watts, 2002）。フォッシーは

図㉜　ゴリラのオスと子ども（手前の丸い頭部）。撮影＝(株)アイオス。

ゴリラのファンは馬のようだと言い、私はゴリラの横顔は馬面だと感じた。ゴリラが絶滅しさえしなければ、私たちにはまだこの未知の動物を知る機会が残されているのだが……。当面、私たちはゴリラは可変的な群構造を持っているが、その理由については知らないことを率直に言うしかない。

ゴリラの子殺しの起こる過程

ゴリラの子殺しは、シャラーの時代には知られていなかったが、フォッシーの時代以降、何例かが観察されている（フォッシー、二〇〇二、山極、一九九三）。
「あかんぼうの死は性的に成熟した雄雌の新しいつがい形成と深いかかわりがある」とフォッシーは断言する。直接観察している研究者としてはそうだろうが、シャラーの見た四頭ものシルバーバックと三頭のブラックバックをもつような群が彼女の時代には、同じ地域なのにどこにもいないことを、私は考えてしまう。

シャラーの見た一九五〇年代の終わりと、フォッシーの見た一九六〇年代の終わりでは、ゴリラを取り巻く生息環境が決定的に変ってしまっていたのだ、と私には見える。シャラーの見た一〇群では、ふつうの群サイズではメスが六・二頭だったのに、フォッシーは、シルバーバック一頭、ブラックバック一頭、オトナのメス二、三頭が、典型的なゴリラの群の構造だという。

フォッシーの後、同じ地域でゴリラの研究をした山極さんは、フォッシーが見た九例の子殺しに続いて、自分たちもその可能性のある赤ん坊の死を二例報告し、さらに一九八三年から一九八五年にかけて、ワッツが七例の子殺しを観察したことを報告している（同上、二四九頁）。いずれの例も、「核オス」（繁殖できるシルバーバック）が不在のためだったという。それはシルバーバックが複数、ブラックバックも複数いるというシャラーの時代の群構成では、ちょっと考えられない事態である。


シャラーはゴリラの群同士の出会いをいくつもの実例をあげたあとで、書いている。

「いくつものゴリラ群が森の同じ場所にすみ、群れどうしが出会ったときにも、彼らの接触は平和的だという事実はわたしにとってかなり興味深いものだった」（シャラー、一九六六、二四六頁）。


だが、密猟者との戦いを繰り返し、密猟者を逮捕し、密猟者に殺されたフォッシーの生涯は、そのままヴィルンガ火山のマウンテンゴリラの運命でもあった。森の中の平和な時代が滅ぼされ始めたのは、偶然にも（あるいは、人類史という必然かもしれないが）研究者がゴリラを知り始めようとした瞬間からなのである。霊長類学は、この人間活動の強烈な腐食作用がゴリラ社会に決定的な影響を与える瞬間に立ち会ったと言ってよい。子殺し、同種殺しは、その視点からまったく新しくとらえなおすべきなのである。

オランウータンの単独生活者としての社会

オランウータンの主食はなにか？

オランウータンは単独生活者で、この取り扱いには霊長類学者がみな困惑している。たとえば、河合雅雄さんは、次のように言う。

「単独生活を基本とする原猿社会で見てきたことは、社会進化は、単独生活から集団生活に向かって進行するということであった。事実、真猿社会では、……ただ一種を除いてすべて集団生活をしている。この、ただ一種というのが、ここでとりあげるオランウータンである」（河合、一九九二、三〇頁）。

社会進化をこのようにとらえる立場からは、オランウータンは異端である。だから、オランウータンがもともとは単独生活ではなかった、という説を唱えることになる。河合さんは、

「私は、マッキノンの集団崩壊説に賛成しながらも、人間による狩猟圧説はとらず、体躯の巨

大化と果実食依存という生態条件を重視した」（同上、三七三頁）

と述べ、オランウータンは、果実食に変化したために、かつての集合社会から単独生活になったと主張する。

「果実を主食にしている限り、体が大きくなり、知能が発達しても、森林の中では集団生活を維持するのが困難なので、一つの方向は、単独生活に向かうということである」（同上、五七頁）。

しかし、これでは、チンパンジーのメスが集団を維持する理由が説明できないだろう。チンパンジーは森林で果実を主食にし、オランウータンのメスと同じほどの体重なのだから。

私は、『親指はなぜ太いのか』の中で、オランウータンの歯のエナメル質の厚さから、主食は樹皮食であろうと指摘した。その当否はさておくとしても、オランウータンの食物が果実だけではないことはよく知られている。若葉や樹皮への依存度が、チンパンジーよりもずっと高いのである。

オランウータンの研究は、イギリス人のマッキノンが先鞭をつけ、続いてカナダ人のガルディカス（現在はインドネシア国籍とのこと）が研究を行ってきたが、ここでも日本人研究者がたった一人で頑張っている。

鈴木晃さんは、伊谷さんとともにチンパンジーの大行列を観察し、チンパンジーの最初の子殺しを見た人だが、一九八三年からはボルネオでオランウータンを研究している（鈴木、二〇〇三）。

オランウータンの特定の食物への依存度は、森林火災などによって年変動するようで、六割を樹

図㉝　オランウータンの母と子。撮影＝高橋孝太郎。

皮が占める年と、逆に果実が六割を占める年があると鈴木さんは言う（同上、二〇〇三）。どうも、オランウータンが果実食のため集団が維持できないという河合説は、あまり理由にならないようである。

オランウータンに子殺しが見られないわけは？

原猿類はメスオスに性差がないので、メスはオスから赤ん坊を効果的に守ることができる。だから、原猿類には単独生活者が多いのだと、私は考えてきた。しかし、オランウータンのオスはメスより遥かに大きい。メスは力だけでは、オスの子殺しを防ぐ方法はないのに、子殺しはほとんど見られていない。なぜだろうか？

その理由のひとつは、オランウータン同士の遭遇頻度がきわめて低いことがあげられるかもしれない。河合さんは、研究者がオランウータンに出会う遭遇回数をあげているが、ホール、ロドマン、ガルディカスという三人の研究者は、それぞれ一二〇〇時間で五回、一五か月で一三回、六八〇四・五時間で一九パーセントという数字である。最後のガルディカスの遭遇回数が多いのは、観察条件に特に恵まれたという事情があるらしい。

また、それぞれの地域で、オランウータンのメス一頭の行動域は、〇・六五平方キロから六平方キロだが、熱帯雨林の中でのオランウータン相互の関係は、非常に粗である。

これはこのまま、受けとめればいいのではないだろうか？　もともとあったオランウータンの社会が崩壊したとか、どうとか、単なる想像で話を作るのではなく、大型のオスは、この広い行動域をもつメスたち数頭の行動域にまたがる、さらに広い行動域をもっていて、その広さの中で単雄群のような社会構造を維持していると考えればよいのではないか？　そうすると、これは原猿類の単独生活者とも通じる社会構造である。

類人猿の社会から人間の社会をどう展望するのか？

現在の類人猿は、中新世に繁栄した類人猿たちの生き残りで、あらゆる社会構造を試している

類人猿の社会を、人間社会の原型と考える霊長類学者が多いが、私にはとうていそうは思えない。それには理由がある。ひとつは、類人猿の多様さである。現在の類人猿は、中新世（二四〇〇万―五一〇万年前）に繁栄した類人猿たちの生き残りで、すでにあらゆる社会構造を試したあとがある。

鈴木さんは、性的二型（体の大きさや、犬歯の大きさ、体毛の色などが、オスとメスとで異なること）が極端になるとゴリラタイプの社会構造を作ると考えているらしい。

「ゴリラは、性的二型のこの違いを一オス・多メス型の社会構造、すなわちハーレム型の構造でささえていると言える」（同上、一二一頁）。

では、同じように性的二型のあるオランウータンはどうなるのか？

「チンパンジーに関するランガムの図が、オランウータンにもあてはまるのである。……大集団が行ってしまった後、そこにひっそり残っているチンパンジー母子の姿を私は至る所で観察している」（同上、一二二頁）。

ただ、これらのメスたちをつなぎとめているのがチンパンジーではオス・グループなのに、オランウータンではそうではない、という違いがある。

「オランウータンのオスにはこのような連合性が見られない」（同上、一二三頁）。

鈴木さんは、オランウータンの社会は一見ばらばらに見えるが、お互いの心の中には、同じ社会の一員というイメージがあるのではないか、という結論に達している。

「オランウータンの社会を結び付けているのは、この内的社会イメージである」と（同上、一二八頁）。

社会は内的イメージの中にある

社会は内的イメージの中にある。私もそうだと思う。なぜなら、チンパンジーのメスが新しい群に入って子殺しを逃れることができるのは、その母子の生活のコア・エリアを群全体の行動域の中心的部分に安定させることが認められてからである。つまり、群のオスたちとともに、メスたちにも、同じ社会の一員であると認められるという内的な了解が不可欠だからである。だから、個々のオランウータンを、心がつないでいる単独生活者の単雄群という言い方ができるかもしれない。

しかし、それでも、チンパンジーには、はっきりしたオスのグループがあり、オスもメスも採食パーティーを作って生活するという基本があり、チンパンジーとオランウータンでは完全に違っている。現象としての違いだけではない。集まり方の違いは、それぞれの種の生活と社会行動の根本的な違いを示すものだ。

では、オランウータンではなぜ子殺しが起こらないのだろう？

オスのほうが圧倒的に体が大きいのに、子殺しが起こらないのはオランウータンの知恵というものがあるのだろう。それを私たちは未だに確かには知らないのだが、ボルネオの熱帯雨林で、果実だけでなく、若葉も樹皮も食べることができるという独特の食性が、食物をめぐる競争とともに、子孫をめぐる競争を表面化させないですむ知恵なのかも知れない。

類人猿の社会と原猿の社会に見る符合

性的二型にかんして言えば、それがある種と、ない種があるのはなぜなのだろうか？　たとえば、同じチンパンジー属でも、チンパンジーとボノボでオスメスの性差はまったく異なり、それは今のところ理解の外である。

しかし、性的二型がある種で、オスがメスよりも大きければ、それが社会構造に影響することは明らかである。しかし、性的二型があるから、一夫多妻型の社会ができるわけではない。ニホンザルでは複雄群のほうが赤ん坊防衛に適しているが、ゴリラはちがう。それは、ゴリラの食性と関係する、と私は考えている。果実のようなあたりはずれがある食物の場合は、相互の競合が生ずるが、草やツルを主食にすれば草食獣のように温和でいられる。だから、オランウータンは果実のないときには、樹皮でも葉でも食べることができ、食物競争への圧力を軽くしたのである。これが、オランウータンが性的二型が極端であっても、複雄群を作らず、単独生活することができる理由ではないだろうか（これでは、社会構造の軸を子殺しの防衛に置きながら、ふたたび生態決定論にもどっているが）？

こうしてすべての類人猿の社会を調べてみると、原猿類社会と符合することに気がつく。単独生活者（オランウータン）、ペアの家族群（テナガザル類）、ペア集合タイプの群構造（ボノボ）、単雄群と複雄群の混合社会（ゴリラ）など、すべて原猿類で知られた社会である。しかし、定住するメスたちを統合するオス・グループ（チンパンジー）は、原猿類では知られていない。これに比べるとオナガザル科（オナガザル亜科とコロブス亜科とも）の社会構造の幅は狭い（単雄群と複雄群だけ）。

このように、類人猿の社会のバラエティーが広いのは、中新世には多数の類人猿が繁栄していて、現代の類人猿は、そのわずかな生き残りであるという歴史的経緯から頷けるだろうし、オナガザル科よりも類人猿のほうが社会構造の幅が広いことも理解されるだろう。

そして、類人猿の中で唯一、サバンナに進出した種がある。直立した類人猿、アウストラロピテクス属の人類である。その社会構造はどうなっているのだろうか?

類人猿社会から人類社会へ―サヴァンナ適応種の誕生

化石類人猿の系統分類では、ヒト上科(類人猿)を、プロコンスル科、テナガザル科、ヒト科に三分し、ヒト科をドリョピテクス亜科、オランウータン亜科、ヒト亜科にわけ、ヒト亜科を、ヒト類(アウストラロピテクス属、パラントロプス属とヒト属)、ゴリラ類(ゴリラ属とチンパンジー属)にわける(Andrews, 1992)。

化石類人猿がこれほど多岐にわたる分類群を持っているのは、中新世が「類人猿の時代」だったからで、現在では、ニホンザルなどオナガザル科の種数は、類人猿より十倍も多いが、中新世ではその逆で、類人猿の種数のほうが十倍も多かったのである。

しかし、この類人猿の繁栄は、人類の祖先、アウストラロピテクス属が現れる五〇〇万年前、鮮新世(五一〇万年前から一七〇万年前まで)の初めには終わっていた。そして、鮮新世の乾燥化の中で、もともと森林棲の類人猿は衰退したが、唯一成功した類人猿が人類になった。

人類はどの類人猿社会を継承するのか、などと当て推量を止めて、もう一歩歴史的に考察すればよい。人類が、チンパンジーやボノボというヒトにもっとも近い類縁から分岐したのは、六〇〇万年前頃であり、オローリン属、アルディピテクス属などのどれかを経由し、アウストラロピテクス属（またはケニアントロプス属）からヒト属への道を歩んできた。

現代人の狩猟採集民のバンドとチンパンジーの群との間には、少なくともアウストラロピテクス属（またはケニアントロプス属）の二〜三種と、ヒト属の一〜二種が存在した。

それぞれに主食と生活環境の異なる複数の人類の種に、どのようなタイプの社会が考えられるだろうか？　そう問わなくてはならない。これらの社会すべてを、チンパンジーの社会から類推するのは無謀というものだろう。

人類は森林生活者ではなくサバンナ適応種なので、現在生きているチンパンジーなどの森林適応種とはまったく別である。

もちろん、森林からサバンナに出たということだけでは、そのサルの社会構造は類推できないが、マントヒヒなどのヒヒ類や、パタスモンキー、ゲラダヒヒなどのアフリカのサバンナで生活するサルたちの社会の共通性は、初期人類の社会の再構成に役に立つだろう。

アウストラロピテクス属の社会

人類はサバンナに進出した類人猿である。サバンナでは、森林棲の同類に対して、大きなサイズの群になるのが通例で、ヒヒ類は、そのようにかなり大きな群を作っている。初期人類がどのような生活をし、どのような食物をとっていたかについては、多くの仮説があるが、幸いにして私はそれを推測する方法を確立したと考えている（島、二〇〇三）。

初期人類の主食は、サバンナに大量にある動物の骨の可能性が高く、骨猟（ボーン・ハンティング）をしていたと考えてよい（同上、一九七頁）。

骨猟は、残された骨をあさるニッチだから、食肉獣たちとの競合がない。サバンナでさまざまな植物性の食物をあさるヒヒ類と同じタイプの社会を考えてよいだろう。

アウストラロピテクス属もヒヒ類と同じく、オスが大型になる性的二型を示すので、チンパンジーやヒヒ類のようなオス優位で、その群のサイズはヒヒ類と同じように数十頭から数百頭と大きかっただろう。この社会構造は、アウストラロピテクス属、あるいはその直接の後継者パラントロプス属とも一貫していて、変らなかったと考えられる。

この大きな群を作る初期人類は、ライオンのような巨大な捕食者に対してはともかくとして、ヒョウやハイエナやチーターやリカオンなどの最大の体重が六〇キロ程度の捕食者には十分対抗できただろう。

ホモ・エレクトゥスの社会

では、ホモ・エレクトゥスはどうか？　彼らはすでに狩猟者である。ハンドアックスと呼ばれてきた有名な石器は、全周に鋭い縁が尖っているので、手で握って叩くのには適しておらず、むしろ獲物に投げつけるミサイルとして使われたのだという説を唱える人がいる（O'Brien, 1984）。

また、最近、ホモ・エレクトゥスが木の投げ槍を使っていることが明らかになった（Thieme, 1997）。

これらはアウストラロピテクス属の人類には見られなかった武器であり、ホモ・エレクトゥスが中、大型の獣の狩猟を行ったことを示している。しかし、狩猟は一度に大きい食物を得るハイリスク・ハイリターンの性格を持った活動で、殺された獲物は多くの捕食者を引き付ける。その中でもっともやっかいなのは同じ種の他の群であり、ライオンがネコ科の中で唯一群れを作るのはこのためである。したがって、ライオンの群サイズは同種の攻撃を防ぎ、獲物を効率的に利用できるサイズにまとまる傾向がある。あまりに小さいと他グループの攻撃に弱く、あまりに大きいと獲物が充分に行き渡らないからである（Packer, 1986）。

このライオンの社会構造の類推によって、ホモ・エレクトゥスの社会構造を描けば、オスは単独か二頭程度、メスは一頭から一五頭の群となる。もっとも、投げ槍や投石による狩猟は水場に集まる偶蹄類に対する待ち伏せ攻撃の性格が強かっただろうから、獲物はもっと多くなり、群サイズはもっと大きくなるかもしれない。
それにしても、ヒヒ類に似た大きな群タイプのアウストラロピテクス属やパラントロプス属とは、初期のヒト属はそうとうに違った社会を持っていた可能性が強い。これはワンメイル・ユニットをもつマントヒヒやゲラダヒヒに似ているのだろうか？
ヒト属程度の大きさで、石器や投擲用の狩猟道具を持っている動物は、ライオンクラスの捕食者とも対等に戦えただろう。このことが、ホモ・エレクトゥスをアフリカからユーラシアまで分布域を広げた理由だと私は考えている。彼らはある程度まとまった人数で、水辺に集まっている草食獣の群にたくさんの石や槍をなげつけ、たまたまうまく当たったときに獲物にありつくという行き当たりばったりの狩猟者で、依然として骨猟者だったと思われる。

では、ホモ・サピエンスの最初の社会とは、どんなものだったのか？

注1：野外で計測した結果もこれに近い。マハレのチンパンジーの体重はオス平均四二キロ、メス平均三五・二キロである。また、メスの体重のオスの体重に対する比は、マハレで八三・八、ゴンベで七五・四、東ザイールで八一・一である（Uehara and Nishida, 1987）。

その七　人間の社会―「真」の社会の秘密

日本の霊長類研究の第三世代に属する私は、ごく初期にニホンザルの子殺しに直面し、その後、マダガスカルの原猿類と出会い、子殺しの少ない多様な社会構造を知る。子殺しはなぜ起こるのか？　サル社会に起こる子殺しはきわめて稀で、それは生息環境の人為的攪乱によると確信するにいたった。それにひきかえ、人間社会では「わが子殺し」が頻発する。生態系攪乱を続ける人間に未来は予感できるのか……

預言者モーセの命令

「直ちに、子供たちのうち、男の子は皆、殺せ。男と寝て男を知っている女も皆、殺せ。女のうち、まだ男と寝ず、男を知らない娘は、あなたたちのために生かしておくがよい」(「民数記」三一、一八)。

タンザニアのゴンベ国立公園でチンパンジーの群が分裂し、南と北の群の間で、「四年戦争」とジェーン・グドールが呼ぶ激烈な抗争が起こった。南の群はオトナオス七頭、オトナメス三頭とコドモたちという構成だったが、オスはすべて殺され、メスのうちの一頭も殺された。

「ようするに南に移った群れは、三頭の未婚の若いメスを除外して、四年戦争で全滅したのである。その三頭は勝った群れのオスのものになった」(グドール&パーマン、一九九九、一四五頁)。

グドールたちの頭の中には、預言者モーセの命令が響き渡っていたはずである。モーセは「捕虜、分捕ったもの、戦利品を従えて」戻ってきた軍隊の指揮官たちに怒り、「男の子は皆、殺せ」、ただし、娘は「生かしておくがいい」と命令したのである。

「若いメスたちは北の群に戻った」のではなく、「勝った群のオスのものになった」としたのは、モーセのこの命令がグドールの心の中に反響していたにちがいない。連続するチンパンジーの殺し

を見て、グドールたちは、
「とつぜんのようにチンパンジーの残虐性が観察され、かれらもヒトとおなじく暗い側面をもっていることがあきらかになったのだ」(同上、一四六頁)
と、嘆息した。
だが、ほんとうにそうだろうか？　人間性の淵源がチンパンジーと共通しているのではなくて、チンパンジーが人間に翻弄されただけなのではないか？　私がそう思う理由は、縷々述べてきた。狭いから、生活環境が異常だから、と説明するのは、研究者の側が本質的な問題を本能的に避けているだけなのではないか？

人間は、どの地域でも、いつの時代でも子殺しをする

チンパンジーの子殺しには、他のサルの例には見られない特別な様相があった。オスだけでなくメスも赤ん坊を殺すこと、殺した赤ん坊を食べること、みずからの群の中の赤ん坊を殺すこと、などである。それは、もはや「性淘汰」という用語を当てはめることができない行動だった。

その本当の原因を探ってゆくと、人間の影響に至りついた。人間の活動は、善意と悪意とを問わず、無関心と商売目的とを問わず、野生動物たちがよってたつ基盤を破壊するほどの影響を与える。では、そういう影響を与えるほどの人間とは、いったい何ものなのだろう。

その根本的な問いへの答えを用意するために、まず実例をあげよう。サル社会を作り上げる軸は赤ん坊をどのように守るのか、という仕組みだった。人間社会では、赤ん坊はどのように守られているのか？　その仕組みを、その裏の面から、つまり、またしても子殺しの側面から調べてみよう。

アメリカの民族学関係データバンクＨＲＡＦ（人間関係地域別ファイル。The Human Relations Area Files の略）のデータを使って、産業化する以前の社会の一〇二文化の五六一集落で、子殺しの例をまとめた研究がある（Divale and Harris, 1976 cited by Scrimshaw, 1981）。

このとりまとめによると、子殺しは、アジアとアフリカの社会のすべて、北アメリカ社会の四八パーセント、大洋州の二二パーセント、南アメリカ二五パーセントで「一般的」だった。そして、「ときどきは起こる」と「一般的ではない」とを合わせると、北アメリカ社会の八三パーセント、大洋州の七〇パーセント、南アメリカの九二パーセントで子殺しが見られている（もっとも南北アメリカでは例数が少なく、パーセント表示をしても意味はない）。

全体として、工業化する以前の人間社会では、その六〇・六パーセントで子殺しは「一般的」であり、二一・二パーセントでは「ときどき」行われ、三一・〇パーセントでは「一般的ではなく」、子殺しの報告がないのは、わずか一三・六パーセントの社会でしかない。

つまり、産業化以前の社会では、その八六・四パーセントで子殺しが見られている。これは、ほとんど全部の社会で子殺しがあったといえるような数字である。

つまり、どの地域のどの民族でも、人間は子殺しをする。

子殺しを意図した捨て子に至っては、その例は無数になる。ギリシア神話のオイディプスは生後三日で捨てられ、ローマ建国の父ロムルスとレムルスも捨てられて、オオカミに育てられたという伝説がある。こういう場合は、オオカミを誉める前に、「オオカミよりも劣る」と言うべきだろうが。

一八三三年の一年だけで、フランスの病院で捨てられた赤ん坊の数は、一六万四三一九人に達したと言われている（Scrimshaw, 1981、四三九―四六二頁）。

今なお、子殺しは続いている。カナダで一九六一年から一九七九年までの間に起こった、家庭内殺人八〇三二件の分析では、一歳以下の赤ん坊が一五八人に達している。そして、その一三九人までが、両親か親がわりの身内によって殺されている（Rosenburg, 1971 cited in Daly and Wilson, 1981）。

この数字は、子殺しが産業社会以前の人間社会で一般的だっただけでなく、産業社会に至ってもなお続いていることを示している。

人間社会での「わが子殺し」

人間は直接の親が「わが子」を殺す

スクリムショウは、子殺しの原因について、両親の問題、資源競争、儀式、病的行動の四つに大別して、二一項目の具体的な要因をあげているが、その一六項目に親が直接関与していることを示している（Scrimshaw、前掲四四六頁）。

つまり、人間社会では、社会が人口調節のために子殺しを指示するとか、儀式のために子殺しを行うといった、社会的理由による子殺しはむしろ稀で、ほとんどの場合親が自分の子を殺す。この事実は、サル社会に起こる子殺しを、稀な「事件」と見てきたものには驚異である。

「民数記」に見るモーセの冷酷な命令は、人間が持つ神の冷酷さというよりその心の心髄である。人間の子殺しを調べると、人間の行動には「闇」、あるいは、そう言ってよければ「地獄」が見える。それは、ほかのサルたちにはまったく例がない「わが子殺し」と呼ばれるべきものである。本書で見てきたとおり、サルの子殺しは、赤ん坊の防衛機構が破れた時に始まる「壊れた行動」である。チンパンジーでも、自分の赤ん坊を殺しはしない。

しかし、人間では、直接の親がその子を殺す。これを何と呼べばいいのか。「狂った行動」だろうか？　いや、いや、とてもそんな言葉では表せない。誰にとっても、このことはすぐには信じられないことだが、それは起こっている。この事件が人間社会ではあまりに広く見られることから、ある人類学者などは、子殺しを「人類史の大部分でもっとも広く使われた人口調節の方法である」とまで言った（Harris, 1977）。しかし、「わが子殺し」は、そんな簡単な理由ではない。

なぜ親が自分の子を殺すのか？

なぜ親が自分の子を殺すのか？

「双子だったから」、「女の子だったから」、「前の子に続いて生まれたから」、「すでにたくさんの子がいるから」、「育てるのがむつかしいから」、「正常な子ではないから」、「望まれない子だから」、「名前をつけるまでは社会のメンバーとは認められないから」などなど、「わが子殺し」の理由にはこと欠かない。

工業化以前の七〇の人間社会のうち、一八の社会で、双子の一方か両方を殺すという（Scrimshaw、前掲四四六頁）。同時に二人の赤ん坊を育てるのは、親にとって難しいからである。同じ理由で、たくさんの子は望まれない。最初や次ぎの子よりも、後から生まれた子供ほど死亡率は高くなる（最初と次ぎの子の死亡率は、ブラジルでは一四パーセント、メキシコでは一五パーセント、チリでは四パーセント、五番目以降の子供の死亡率は、ブラジルで五一パーセント、メキシコで四九パーセント、チリで九パーセント、Scrimshaw、前掲四五八頁）。

また、子殺しの理由のひとつには、赤ん坊の奇形や不具合（目に見える赤ん坊の特徴ではないが、両親によるそういう評価）があげられる。そういう子供は、育ててもうまく育つかどうか分からないし、両親にとって大きな負担になる、という理由からである。同じ理由は、父親がない場合にも当てはまる。

また、女の子の赤ん坊を殺す社会が多い。女の子よりも男の子のほうが家族にとって力になると考えられ、また価値があると考える文化をもつ社会が多いからである。

自然条件では、女の子の生存率は男の子よりも高いが、ヨルダン、インド、パキスタン、バングラディシュ、スリランカ、ビルマ、タイ、サバ、サラワクでは逆で、女の子の養育を故意に悪くしている可能性があると、言われている。

「日本だけは違うよ」とは言えない。日本では、一九六六年生まれの女の子の死亡率が極端に高いという有名な事実がある。これは「丙午（ひのえうま）」の迷信のためである。「この年生まれの女の子は、夫を殺すという迷信」（『広辞苑』）である。

社会によっては、三人以上の赤ん坊を生むことを許さず、それ以上生まれた赤ん坊は密林に置き去りにするように強制される例もある。しかし、現代の中国人なら、「それはまた、ずいぶんと幸せなことじゃないか。こちらでは一人しか子供を持つことを許されていないぜ」と言うだろうし、現代の日本人は、自分の置かれた位置を気楽にしか考えていないから、「子供は一人か二人で十分。教育費もかかるし、親も自由にできないし」と言うかもしれない。

アヨレオ族の「わが子殺し」

子殺しの実態は、単なる数字をはるかに越えて悲惨である。ブラジルとパラグアイ国境近くのボリヴィアに、最近まで子殺しが認められてきた社会があった。そのアヨレオ族（Ayoreo）の調査結果では（Bugos and McCarthy, 1981）、子殺しが行われた家族のうち、母親が生き残っている一八例と、母親が死んだ一一例が調べられている。

母親が生き残っている一八例を見ると、母親ひとりあたりの結婚した相手の夫の数は二人から九人で、多くの場合最初の夫との間の子が殺される。その数は、一人の母親あたり一人から六人にのぼる。一八人の母親が生んだ子供の数の合計は一〇八人だが、子殺し三八人、病死二三人で、生き残ったのは四七人に過ぎない。つまり、子殺し率三五パーセント、子供の生存率四一パーセントとなる。

他方、母親が死んだ一一例で同じ計算をすると、夫は一人から五人、生まれた子供の合計三三人、うち病死七人、子殺し一六人、生き残った子一〇人で、子殺し率四八パーセント、子供の生存率三〇パーセントとなる。

ある人類学者は、「人類社会の適応に関する主たる要因は、繁殖と死と病気に影響する信仰と行動であった。ある特別な環境に適した人口サイズで、もっとも利益をあげ、ロスを最小にする行動戦略を、すべての人間社会はとってきた」(Alland, 1970) と言い、またしても子殺しが人間社会での人口調節機構であると説明するのである。

しかし、こうした気楽な人口調節論では、サルにも劣る両親による「わが子殺し」を説明できない。たとえば、アヨレオ族は常に戦争状態にあり、男の子は戦闘力として評価されているが、女の子が選択的に殺されているわけではない。実際、四七人の子殺しでは性がはっきりしているが、男の子が三一人、女の子が一六人となっている。

「もっとも衝撃的なことは、母親の年齢があがるにつれて子殺しをする傾向が少なくなることであり、男性からの世話が確実になることと母親が子供を育てる気持ちになることとの間にはっきりした関係があることである」(Bugos and McCarthy、五二〇頁)

として、アヨレオ族では、
「婚姻関係の不安定さが、子殺しの主な要因である」(同上、五一八頁)
というが、私はそう思わない。

人間社会における母の過剰負担

母親たちの「将来への不安」

ブラジル、メキシコ、チリでは、たくさんの子供のうち最後に生まれた子供ほど死亡率が高い。これは、アヨレオ族では母親の年齢があがるにつれて子殺しが少なくなるという事実と、一見矛盾するように見える。終わりの子とは、母親の年齢が高いということと同じだからである。しかし、これは矛盾ではない。ブラジルなどの事例は、子供がたくさんになるほど、生存条件が悪くなることを示す。しかし、アヨレオ族の例でも、母親が経験を深めれば意図的に殺すことがなくなることがわかる。つまり、子供は多くなるほど末の子が生きのびるための条件は悪くなるが、現実の条件が悪くなっても母親が経験を積めば、子は殺さないのである。これは、若い母親が「わが子」殺しをするときに、感じる「将来への不安」が想像上のものであって、現実のものではないことを示すものである。

アヨレオ族では、母親が死んでしまっても、子供の生存率は三〇パーセントはあり、母親が生きている場合の生存率の四一パーセントと、それほど差があるとは思えない。母親が生きていなくても、子供が三〇パーセント生き残るのは、その社会が子供を養っていることを示している。父親はもちろん年上の子が、弟や妹たちを守ることもあるし、孤児となった子供たちを親族が守ることもある。人間社会では、母親をなくした三歳の赤ん坊を保護した父親ゴリラ（山際、一九九三）同様に、近親者や近隣の者が孤児を養う。ゴリラの行為に感動する者は、人間社会のこの機構を誇ってもいい。

人間の「わが子殺し」がサル類の「子殺し」と決定的に違うのは、赤ん坊を産んだ母親が、深刻な不安にさいなまれているという事実である。それは現実的な不安だけでなく、「将来への不安」を想像上でかきたてられるからである。「わが子殺し」の理由の大半は、「将来への不安」である。これほど悲惨な母親は、野生の動物にはない。

チーターは「生活のためにもっともハードに働く大型ネコである」（Novak, 1999、八三五頁）と言われている。チーターの母親は、広大な草原を最大八頭もの赤ん坊を引き連れて、毎日寝場所を変えて四キロ近く移動しながら、ただ俊足だけを頼りに狩りをする。この大型ネコには、獲物を横取りしようと待ちかまえているハイエナやヒョウやライオンやリカオンなどに事欠かないし、父親の保護どころか協力もない。その上、ライオンなどに喰われるわが子の割合は九割を越える。もちろん、彼女を支援する親族は地平線の遥かかなたまで、どこにもいない。だが、それでも、わが子は殺さない。「将来への不安」など感じないからである。野生動物たちは、今だけを生きている。だが、人間はそうでない。

母親たちの過剰な生物学的負担

人間の母親には、生物学的に過剰な負担がある。大型類人猿の赤ん坊の成長は、他のサルに比べると、オトナになるまでの時間がことさらに長く、「成長遅滞」と呼ばれる現象を示す。たとえば、チンパンジーとニホンザルを比べると、ニホンザルのメスが最初に子供を産む年齢は四歳だが、チンパンジーでは一〇歳以上である（初産年齢の平均は、一三・一歳。西田、二〇〇二）。しかし、人間ではさらに延びて、一四歳以上になる。また、チンパンジーの出産間隔は五年から五・六年（西田、二〇〇二、一九七頁）だが、人間ではそれよりも短いのがふつうである。

その上、人間の赤ん坊は自立するまでの期間は、霊長類には例がないほど長くかかり、親の負担が大きくなる。それにもかかわらず出産間隔が短く、さらに親に負担がかかる。人間の母親は、ひとりで放っておかれたら、これほど大きな負担に沈まなくてはならない。若い母親が「将来への不安」にかられるのは、無理もない。

この母親の負担を取り除くことができるのは、子供の父親と親たちの両親、そして血縁者、近隣者の協力である。人間だけが閉経後にも長生きして、ほかの霊長類にはないお祖母さんができると言われてきた。チンパンジーでも、最後の子供が生まれてから五年以上生存しているメスは、高齢のメスの二三・五パーセントにあたると計算されているが、人間ほどではないらしい（西田、二〇〇二、二〇〇頁）。人間のお祖母さんの存在は、負担の大きい母親にとっては福音となるのだろう。

人間はなぜ「わが子殺し」をするのか？

だが、たとえ母親の負担が過重であっても、またお祖母さんの存在が、夫、家族、親族の手助けに強力な支援となるとしても、人間社会では、ほかのサルに例を見ない「わが子殺し」が起こっている。なぜ、こうなるのか？　それが人間性なのか？　モーセの冷酷な命令は、この両親の闇に比べれば合理的だと言えるものだったのか？

人間は「裸のサル」である

この問いに答えるために、またしても回り道をしよう。事実がこうであるかぎり、「わが子殺し」がいいとか、悪いとかを言っても始まらない。聖書が敵の「男の子を皆、殺せ」と宣告しているかぎり、それがいいとか、悪いとかという評価の限りではない。それは事実として受け止めるしかない。その上で、人間社会の特性とは何かを問おう。

人間社会の特性を何におくかについては、さまざまな視点が可能だが、私はまず人間の生物学的特徴を重視することにしたい。それは、人間が「裸のサル」だという点である。裸の、つまり羽毛や毛皮に覆われていない動物には、どういう社会が可能なのか、あるいは、同様の例が哺乳類の社会にあるのかどうか、という視点である。

前章で、アウストラロピテクス属の社会は、ヒヒの社会に似たものだろう、と考えた。あるいは、ホモ・エレクトゥスの社会はライオンに似ていたかもしれない、と考えた。では、人間＝ホモ・サピエンスの社会は、その始まりではどんな社会だったのだろうか？　そして、どう発達してきたのだろうか？

ハダカデバネズミの「真社会性社会」

人は「裸のサル」であり、その特性は毛皮で保護された獣たち一般とはまったくちがっている。しかも、人間の社会は、毛皮を着た霊長類の社会の類推から、なんとか想像できるようなものではない。これは「裸」という非適応的な形質をもったサル＝人間がどのように生き延びることができるかという、生命界の壮絶な実験のひとこまでもある。

裸の哺乳類といっても、人間にはゾウのモデルはあてはまりそうにない。体重一トンを越す巨獣は、裸であることの不利益がほとんどない。ゾウは体重に対する体表面積の率が低く、体温を奪われることが少ないからだ。しかし、小型の裸の哺乳類では、毛皮を失った不利益は極めて大きい。このハンディキャップを覆すためには、そうとうに思い切った手立てが必要である。「適者生存」ではなく、不適者も生きのびる。そのひとつの例証がハダカデバネズミの社会である。

ハダカデバネズミ（げっ歯目デバネズミ科 *Heterocephalus glaber*）は、アフリカにすむ地中性のネズミの仲間（五属八種）の一種である（Sherman *et al., eds.*, 1991.）。デバネズミ科は、頑丈無類の歯で地中にトンネルを掘って生活しているが、ハダカデバネズミはそのなかでも最も乾燥した地域

図㉞　ハダカデバネズミ。撮影＝小宮輝之。

（年間降水量七〇〇ミリメートル以下のエチオピア、ソマリア、ケニア）で固い土を掘り、しかもそのトンネルが他の種に比べて桁はずれに長く（三キロメートル以上にもなる）、群サイズも桁ちがいに大きい（最大三〇〇頭）。

ハダカデバネズミの体重はわずか三〇グラムで、その皮膚はピンクで、人の赤ん坊を思わせるほど柔らかそうである。日本でも、埼玉県こども動物自然公園や上野動物公園で見ることができるが、この地中生活者の顔を正面から見ると、上下四本の切歯が不釣り合いに大きく目立つ。デバネズミという名前の由来である。

ハダカデバネズミは、地中三〇センチから一メートルの深さに、巣と通路からなる入り組んだトンネル・システムを作り、その入り口は土でしっかりと閉ざされている。トンネルの中は、外の環境とは関係なく、温度二八〜三二度、湿度八〇〜九〇パーセントに保たれる。ハダカデバネズミの体温は、トンネルの温度によって二六度から三三度に変わり、二頭だけでは生きのこることもできない。四頭以上でいっしょに抱き合わなければ、体温がさがってしまうのである。

トンネルが壊されて地表まで続く穴があくと、数分のうちに補修のためにハダカデバネズミの労働階級の働き手たちがやってくる。壊したところに罠をしかけておくと、一日で三〇頭も捕獲できるほどだと言う。このことは、ハダカデバネズミにとって、トンネルが密封されて温度や湿度が保たれていることが、生死を分ける重要な要件であることを示している。

裸の身体をまもるためには、温度と湿度をいつも管理していなくてはならない。そこで、労働階級が必要となる。トンネルの見回りをするネズミと、壊されたトンネルを修理するネズミ、食物を得るために堅い土を掘り、新しいトンネルをつくって食物を集めるネズミも必要になる。

こうして、ハダカデバネズミは、生殖だけにかかわる大型の女王メス（労働ネズミの倍近い五三グラム）と、繁殖にかかわる一〜三頭のオスと、労働と育児を分担する七〇〜八〇頭の小型の労働階級ネズミとの二階級に分かれている。

ひとつの群に女王は一頭だけで、女王だけが一腹最高二七頭の赤ん坊を、年に四〜五回産む。女王は、この地中の巣で子供を産み、哺乳するが、少し大きくなった子供は労働ネズミが育てる。もっともネズミだから、女王が宮殿に住むわけではない。彼らは巣とトイレを共有し、食物を分け合って暮らし、お互いに幾重にも重なって休む。

こうして、ハダカデバネズミは、アリやミツバチに似て、繁殖だけをする女王とそれを支える働きアリや働きバチのような労働階級をもつ。哺乳類の社会ではおよそ例のない特別な社会を作っており、この社会に対して社会生物学では「真社会性社会」(eusociality)という名前を与えた。

しかし、「真」の社会とは何か?

euは「よい」あるいは「真」の意味を表す接頭語であり、つまり「よい」社会遺伝子geneを持ったものを選抜する学をeugenics＝優生学と呼ぶように、eusocialityは、「真の社会」あるいは「よい社会」という意味である。

「『真の』社会性昆虫、あるいは真社会性昆虫は、すべてのアリとすべてのシロアリおよびより高度に組織化されたハナバチと狩りバチを含んでいる」(ウィルソン、伊藤嘉昭監修、一九八五、一八九頁)。

この社会は、
(1)生殖上のカースト(階級、あるいは分業)、
(2)協同の育児、
(3)世代の重複
の三つによって定義される。

この「真」社会は、ウィルソンの一覧表では「組織の最高の(ユーソシアルな)形態」と書かれていて、彼の中では、このような社会こそもっとも高い価値をもっていることを示している。それは、組織化がもっとも進んでいるという以上に、インド・ヨーロッパ世界においては、階級制による社会の組織化がもっとも高度な社会なのだという暗黙の前提があるからであろう。この問題に

は、もういちど戻ってくる。

ともあれ、この目もくらむような、「謎のなかの謎の動物」ハダカデバネズミは、哺乳類が裸で生きてゆくための条件をみごとに指し示している。

その条件とは、第一に温度と湿度を一定に保つ住居であり、第二にそれを維持する社会組織である。

同じ裸の哺乳類として、人間の社会構造がハダカデバネズミの社会構造に似ていないわけがあるだろうか?

トンネルに対応する保温・保湿のための人工物を持たないかぎり、人間は生きていけないのではないか? その人間の弱点は赤ん坊をことさらに脅威に曝すことになり、それは母親の大きな負担になる。その負担を軽減する人工物、それは、家ではないだろうか? 真の意味での家は、ホモ・サピエンス=人間の時代に始まる。家は、現代人の種、ホモ・サピエンスの特徴である(ここが論証ぬきだと思われる方も多いはずである。筆者はこのことを証明するために、もうひとつの本を書いている。『裸の起原』(木楽舎)を参照していただきたい)。

そして、実におもしろいことに、家は家族そのものを指し示す。つまり、家は人間社会の外骨格を示すのである。

人間社会の外骨格＝家

家の構造と家の集合の様式を人類学の中にはっきり位置づけたのは、アメリカではL・H・モーガンであり（モーガン、古代史研究会訳、一九九〇）、日本では渡辺仁さんだった。建て売り住宅やアパートはもちろん、一戸建ての家はその地域の文化とそこに住む人の性格をはっきりと表す。家は持ち主の家族構成、収入、日常生活と深く関わり、その人間社会の特徴をも示している。しかし、その始まりはもっと切実な性能、つまり裸の体を守る機能だったはずである。その家には、もっとも基本的な人間社会の単位がいっしょに暮らしていた。そして、その集合は人間の社会の姿を映しだしていただろう。そういう視点から、原初の家の構造にせまってみよう。

渡辺仁さんは、縄文時代の遺跡によく見られる竪穴式住居が、防寒対策のためだと証明した（渡辺、一九八一）。竪穴式住居は、防寒対策のあるもっとも原初的な住居とは言えるだろう。しかし、アフリカ高地に出現したホモ・サピエンスの原初的な住居はもっと簡略なものだっただろう。

渡辺仁さんによる狩猟採集民集落の平面構造のとりまとめは、ほとんど全世界の住居とその集落の平面構造を示していて、そこにもっとも原初的な住居と集落が含まれている（渡辺、一九八六）。「房状集落」では、数件の住居が平面的な構造性をもたずに（つまり、中央に広場をつくるなどせずに）ただ雑然と集まっている。これらの例としては、オーストラリア原住民（ピジャンジャラ族、ヴィクトリア原住民）、カリフォルニアの南西ポモ族、アラスカのピール河クチン族、シベリアのトナカイチュクチ族の集落がある（同上、四九五頁）。

しかし、これがもっとも原初的な住居かと言うと、どうもそうではない。チュクチ族の家は円形革張りのテントであり、その集落は七つのテントからなる。クチン族もテントで、三六のテントがリーダーの住居を中心に群がる構造だとされている。つまり、家屋の空間的配置には構造性がないように見えるが、家の構造は精密なもので、原初的な形態とはやや遠いようである。

原初的な住居は、家々が広場を中心に輪（環）状（あるいは半円形）に配置された集落構造に見られる。それらの例は、南アフリカ、カラハリ砂漠のブッシュマン族、中央アフリカ、コンゴ川流域のピグミー族、東南アジアのネグリトー族、オーストラリア原住民（ンガタジャラ族）、カリフォルニアのウォノポッチ族、カナダのクテナイ族、南米、パラグアイのグァヤキ族、ベネズエラのバナレ族やヤノアマ族、ブラジルのボロロ族やティンビラ族やトゥルマイ族などである。

このうち、ブッシュマン族の家は、樹枝を利用した円形あるいは半円形平面の小屋で、雨季には樹枝の上部をたわめたドーム形小屋であり、乾季は単に樹枝を突き立てて並べた日よけである。ピグミー族はドーム型の樹枝枠に大型の木の葉で覆った円形の小屋を作り、ネグリトー族は熱帯雨林の中にヤシ葉で葺いた片流れで矩形の差し掛け小屋を作る。この時、各家族が一本の大木の下に小屋を作ることもある。これらの狩猟採集民では、いずれもひとつの小屋は核家族の専用になっている。

このアフリカの乾燥地と熱帯雨林、およびアジアの熱帯雨林の狩猟採集民に比べると、北米、南米の狩猟採集民は特殊化や定住性が高い。たとえば、ウォノポッチ族はシカとドングリとマツの実が主食であり、クテナイ族はバイソン狩猟民で、中央に首長テントのある相当な構造性をもった集落である。また、南米のグァヤキ族は南米では稀な漂泊民で、生業は狩猟、採集、ときに漁撈もする純粋な狩猟採集民であるが、ベネズエラやブラジルの各部族は一部あるいは全面的に焼畑農耕民であり、現初期の人間社会の経済とは異なっている。

原初的家屋の形が、ピグミー族、ネグリトー族のものと似ているだろうと考えられるのは、冬季に防寒用の竪穴住居を作る民族でも、夏季の住居はネグリトータイプの小屋だからである。たとえば、北海道、樺太アイヌでは、木の骨組みを茅などの植物でおおった矩形小屋であったと言う（同上、五一五頁）。

もっとも原初的だと考えられるのは、このような狩猟採集民の核家族用住居である。複雑な集落を作る場合でも、「母系集団を単位とする家族の家が円周を構成し、そのような小屋の輪が横に連結された形をとっている」（同上、五〇八頁、東アフリカのボニ族の例）。

このような狩猟採集民の家の構造を、モーガンの遺作となった『アメリカ先住民のすまい』では、美しい挿し絵によって見ることができる。彼の言うところの「野蛮時代」、つまり、狩猟採集時代の家はアメリカ先住民ではどういう構造だったのだろうか？

モーガンは、ステファン・パワーズの『カリフォルニアの諸部族』から、

「花嫁は往々にしてその父親の家にとどまり、夫が彼女の所へ来ていっしょに住む。……一つ

の小屋に住む家族は、二つか、三つになるだろう」

という文章を引用して、その家の家族構成を示している。家の素材は、その地域によっていろいろで、木で柱組みをした竪穴式住居やヤナギの木をからみあわせて柱にした家、あるいは樹木のないサクラメント川流域のイグサと土でできたドーム状の小屋などがある。このうち、タトゥ部族の家はヤナギの枝を編んでつくったドーム型の草ぶきの家で、もっとも大きなものは四〇人もそこで暮らしたという。

ユーコン川流域のクチン族の家は皮製で、中心に穴のあいたドーム型で、直径が三・六から三・九メートルになる。内部は皮の壁にそって区画分けされており、それらは中心に向けて開かれている。その中心に一つの炉があり、複数の家族がそれを使っている。

「コロンビア川の流域にすむ諸部族は、……カリフォルニアの諸部族とどうように、ここでも菜園栽培や土器製造はみられない」(同上、一九九頁)。

核家族の家とその集合である集落、そして複数の核家族を納めた家とそれらの集落が、人間の最も原初的な社会の構造を示している。

イロクォイ部族は北米のもっとも有力な部族で、一六七五年頃全盛期を迎え、ニューヨーク州まで支配していた。イロクォイ部族の家は、長さ九メートル、あるいはその三倍の長さの丸太を骨組みにしたロングハウスと呼ばれるもので、中央に通路があり、壁に沿って約二メートル間隔で内部が仕切られていた。その仕切りは通路側に開けていて、中央に複数の炉があった。一部屋に一家族が割り当てられ、五家族から二〇家族が住み、母親や祖母がこの大家族をとりしきっていた。

イロクォイ部族は母権制で、
「何人子供がいようと、住まいにどれだけの物を持っていようと、彼はいつ出ていくように命令されるかもしれない」（同上、一二五頁）
のだった。イロクォイ部族はトウモロコシ栽培民だが、狩猟採集民の生活様式をいくらか残していたのかもしれない。このような
「鍋から各家族に必要におうじて食べ物を分配するのは、彼女（家母）の役割であった」（同上、一二四頁）
というような平等の生活は、狩猟採集民の生活であり、農耕が本格的に始まった瞬間に消えてしまう理想郷だった。

農耕の始まりと戦争と階級制の発展

農耕生活の社会的緊張関係は、その集落の構造にはっきりと表される。モーガンの言う「未開時代」、つまり農耕、牧畜が始まった時代には、集落の周りにしっかりとした防護柵が見られるようになる。財産が蓄積され始め、それを狙うものもまた出現したのである。

日本では弥生時代になって、堀、壕、そして防護柵が建設されるようになる。この典型は吉野ケ里《よしのがり》遺跡で、そこでは水の出ない丘の上に祭儀用の建物や倉庫が建設され、まわりが防護柵と堀とで

幾重にも囲まれている。この集落構造は、狩猟採集民ではほとんど見られなかった戦争が始まったことを示している。戦争の始まりについて、広角の視野を持った考古学者、佐原真さんが語り残している（佐原、二〇〇三）。

「豊かなる縄文人には盛大に戦った証拠はないし、彼らは専用の武器を持たなかったのです」（同上、二〇四頁）。

専用の武器とは何か？　大きく重い矢尻である。

初期金属器時代のギリシア、イタリア、スペインと、弥生時代の畿内には、矢尻が大きく重くなり、その量が多くなるという現象が共通して見られる。佐原さんは、

「武器としての矢の発達を示すものと私は思います」（同上、一三九頁）

と断言する。

マダガスカルの高地には丘の上にいくつものサークルがあるのを見たが、それは環壕集落の跡だった。マダガスカル人たちはごく最近まで、取り入れを終えた稲束を抱えて山頂の壕の中に閉じこもり、敵の襲来を避けていたのである。

財産が一定の限度を超えると、それを襲う集団が現れる。生産力の増強は、争いを常態にする。そして、略奪者たちが自前の典範を作り上げる。かくして、モーセが出現する。

『イシュマエル』という本を、音楽家の坂本龍一さんが送ってくれたことがある（Quinn, 1992）。イシュマエルは八六歳のアブラハムとエジプト人の奴隷女との間に生まれた子供で、本妻との間にイサクが生まれたために荒野に追われたと、旧約聖書に記録された人物である（創世記二一）。しか

し、この「イシュマエル」は人間ではなく、人間の言葉を話すゴリラで、彼は人間の知恵が農耕の時代がはじまるとともに、ゆがんで行ったことを語った。私は坂本さんがこの本を送ってきた意味を知った。私たちは、なぜ人間の歴史がテロと戦争に覆われるようになったのかを、長い間議論していたのである。

この段階になって、人間社会を動かす基軸について意識化されるようになり、社会制度として定着もするようになったのだと私は思う。それが、意図的階級制度、カーストの定着である。ハダカデバネズミに見られるカーストこそが、この日々肥大化する人間社会を効率的に機能させる基軸であると、誰かの意識にのぼり、それが意図的に利用されるようになったのだと。

カーストは現存の制度である

「真社会性社会」で、生殖が独占される理由

現代人間社会の特性のひとつは、あきらかにその階級性にある。それは「真社会性社会」の構造そのものから発生している。階級性は、人間社会の生産力の源泉であるとともに、社会的矛盾の源泉でもある。

私たちは、日本という特別な社会に住み、また現代という特別な時代に生きているので、江戸時代の階級制は「昔のこと」と逃げ、互いのカースト間で決して婚姻しない制度は「インドの地方で

は、まだ行われているのでしょうか？」とすませることができる。

日本人にとっては、カーストとは世界のどこかでまだ残っている前時代の悪習であり、近代社会では廃棄されるべき差別であると考えられるに過ぎないが、カーストは現在の社会の内実そのものである。支配された民族の視点から見ると、世界の構造は実に明白である。現代は、いまだにカースト制度と植民地の時代であり、第二次世界大戦で揺らいだ植民地体制の修復に（誰とは言わないが、ある勢力が）取りかかったのが二一世紀だと捉えると、世界史はもっとクリアに見えてくるはずである。

アリの社会を「真」の社会と呼ぶのは、別に偶然ではない。この高度に組織された社会を「アリ型社会」と名づけなかったところに、インド・ヨーロッパ型社会の秘密が隠されている。

しかし、ウィルソンの定義では、「真社会性社会」には、生殖カーストがあり、労働に関与しない女王とオスが生殖を独占している。このような生殖の独占は、人間では見られない。だから、人間社会を「階級社会」と呼ぶことはともかく、「真社会性社会」と呼ぶことは定義からも受け入れられない、という指摘があっても当然である。しかし、私は農耕開始以来の人間社会を、あえて「真社会性社会」の中に分類してよいと考えている。

アリの「真社会性社会」で生殖が独占されるのは、社会を維持するに十分な個体数を、常時作りだすためである。しかし、人間社会では、十分な人口は他の機構の中で作りだされていて、女王が繁殖を担う必要はない。つまり、繁殖だけを行う特別な階級を作る理由がない。人間社会は、人口過剰は常態だからである。

なぜ、そうなるのか？

人間は、将来への不安から食料を増産し、生態系を攪乱する

人間の母親は、「わが子殺し」を起こすまでに、「将来への不安」にさいなまれる。それは人間にしかない巨大な脳の特別な機能のためである。巨大脳は、将来の資源不足を見とおす。そこから「将来への不安」が始まる。

人間はその誕生の瞬間から、生態系内存在ではなく、生態系攪乱者であった。

仏教で言う「火宅」は、「自分の家」が焼けることがあるという現世の冷酷な実態であるとともに、「自分の家」が焼けたらどうしようというそれを感じる心の焦燥の問題でもある。その宗教的内容はともかくとして、実際の家が焼けるという事実よりも、そのことへの不安のほうがより強く人間の心を苛む。

言葉は、概念を作り、概念にはその言葉の背景となる想像できるかぎりのあらゆる悲惨化、誇大化、拡張化が連鎖してつながる。

「焼ける」、「怪我する」、「火傷する」、「死ぬ」、「窮乏する」、「失う」、「見捨てられる」……。そして、その概念のひとつひとつに愛する者たちの不幸がまとわりつく。

将来への不安に苛まれる人間が狩猟採集民の場合は、過剰採集に走る。そして、そのことによって自ら不足を実現してゆく。

思い出してほしい。現代の動物行動学が「子殺し」を解釈しようとしたとき、「行動は進化的整

合性を持たない。目先の短期的利害でだけ行動する」という真理を発見したことを。その真理は、ここでも当てはまる。人間が始めた生産行動は、この過剰採集と不足の実現である。

ひとつの例

例をひとつだけあげよう。南アフリカの洞窟遺跡から出土したカサガイを測った結果、中期旧石器時代（ネアンデルタールの時代）のものは直径が七センチ以上あるが、後期旧石器時代（現代人の時代）では五〜六センチにすぎなかった。現在では、このカサガイはまったく利用されていないので、中期旧石器時代と同じ大きさに回復している（Klein, 1989）。

つまり、後期旧石器時代の人間は、カサガイが十分に成長する前にとっていた。これは明らかに生態系の撹乱だが、このような撹乱は、中期旧石器時代では見られなかった。それは、ネアンデルタールたちが生態系の中で生きていた「野生動物」であるということの実証である。

しかし、人間は「野生動物」ではない。つまり、完結した生態系の中にいる動物ではない。石器を持ち、火を使い、釣り針を作り、舟をあやつるこの芸術的霊長類は、その技術力によって生態系の外に自分を置くことができた。

ふだんどおり食物があれば、技術力は余力である。旱魃や大雨などのために、食物がかんたんには見つからないときこそ、この技術力はたよりになった。手だけでは収集できないもの、いつもは見つけられないもの、楽には捕獲できないもの、たとえば、強力に守られた営巣地や赤ん坊なども、この技術力によって食糧にできるようになった。

しかし、それは未成熟な貝類の採集から、営巣地の破壊や火をつけて生息地そのものを破壊するまでにすぐさま至ってしまう。人間の行動もまた、目先の利益に煽られて短絡するようにできている。

それは、まわりまわって自身の生存の危機をまねく結果になる。しかも、心の中では常に「火宅」が燃えている。

人間のやり方は徹底的な収奪だから、その生態系の生産力を徹底的に絞りあげる。このやり方では、食物は一時的にはより多くなるから、人口もふえることができる。しかし、この現在の漁業とまったく同じ略奪型生産活動は、将来の食物まで刈り取ってしまう。増加した人口は、それだけ窮乏を拡大することになる。

狩猟採集社会では、将来の不足を見こして過剰な採集が行われる。その結果は生態系の攪乱につながり、生態系の生産力を限界以上まで利用しつくす過剰採集となる。一時的な食物の増産によって、人口は増える。しかし、過剰採集によって攪乱された生態系には、増えた人口を支える十分な食物はない。人口が生態系の生産力の限度枠をこせば、人間社会は過剰人口となる。

農耕社会では、悲惨は累積的に拡大する。農作物は決まった季節にしか収穫できず、耕作のためにも、備蓄のためにも、また防衛のためにも、人間を組織化する階級社会が必要になる。こうして組織化された農耕の成果として、食糧は増産され人口は飛躍的に増加する。そして、都市さえも作られる。そこでは富の集中と階級の固定化、農耕地不足、土地と水の収奪、荒地化、飢饉、略奪と戦争が日常となる。増えすぎた人口は悲惨さを拡大する。人間社会はますます過剰人口となる。

工業化した産業社会では、食料生産力が飛躍的に増強され、人口は一挙に増加し都市に集中する。都市では富が集中し、富とエネルギー資源をめぐる戦争が日常となり、そのプロセスは、世界化する。同時に、工業化社会は生態系の物理的破壊と化学的汚染を押し進め、生態系破壊は地球規模に達する。工業化社会の技術的発展は産業基盤の改変と社会変動を押し進め、人口は加速度的に増え、底辺社会の生活は悲惨さを極大化する。かくして、人間社会は慢性的な過剰人口となる。

人間社会の「子殺し」は、実に人間独特の特徴を表している。人間社会の恒常的な過剰人口が圧力となっている。そして、この現実の過剰人口に加えて、さらに想像上の過剰人口こそが人間の社会が階級社会となることを強制している。過剰な人口を組織化できるのは、階級社会しかない。過剰人口は人間社会に荷せられたシシュフォスの石である。

それが、どれほど平等主義者の勘にふれようとも、今となっては階級制を保持する構造を持たない人間社会は、安定しにくい。社会を安定化する方法は、それぞれの民族で伝統的な方法があり、また歴史的にも変化はする。しかし、イギリスをふくめたヨーロッパ諸国とアラブ諸国での王制、アメリカ合衆国やロシアや中国でのエリート制、インドでのカースト制を見るかぎり、階級制は人間社会の本質を形成しつつある。

殲滅戦争

たくさんの食物がたくさんの人間の幸せにつながらなかったのは、人間社会の根本的不幸だった。財産の蓄積の結果は、略奪者を産み、略奪者は自前の典範を作り上げ、ある種の人間たちは、ただ相手の生産物を奪いとるだけでなく、相手の社会そのものを乗っ取ろうとした。

社会は子孫を防衛する方法を持っている。人間はそれをも意識化する。人間の社会が何を軸に成り立っているのかを見極め、それを根底から突き崩すにはどうすればいいのかを考え、さらに、自分たちの人間社会を成立させるためには、何が必要なのかも意識化できる。

かくして、人は神か悪魔の名の下に、敵の社会そのものを崩壊させる方式を探す。

そのことを、モーセは無慈悲に看て取る。

冒頭に掲げたモーセの命令は、敵の社会を作っている軸を崩壊させ、自身の社会に安定したカーストを維持する方策である。モーセはその内容を認識し、言葉に発するだけでなく、文字化する必要さえ理解していたことを示している。

この人間社会の「秘密の中の秘密」が、聖なる書として書かれて残されたことに意味がある。しかし、その秘密を書き残した民族そのものに対して、三〇〇〇年の後に、今度は「若い女たちも残さぬように」と、文字どおりの殲滅戦争がしかけられようとは、この預言者にも予想できなかったことだろう。

モーセの子孫に対して殲滅戦争をしかけた側の者は、今から五七年前にこう語る。

「私の体験した中で、こんなこともある。ある女がドアの閉められる瞬間、自分の子供たちを部屋から押し出そうとして、泣きながら叫んだ。

『せめて、せめて、子供たちだけは、生かしてやって!』

居並ぶすべての心に喰いいるような、悲痛な場面は、数限りなくあった」(ヘス、片岡訳、一九九九、三〇一―三〇二頁)。

アウシュヴィッツ収容所長ルドルフ・ヘスは、この場面を冷酷に描きながら、それが近代戦争の常であると答える。

「今、私はなぜ虐殺命令を、女子供にたいするこの残虐な殺人を、拒まなかったのかという非難がたえず私にむけられる。だが、それについて、私はすでに、ニュールンベルグで答えた。

一人の爆撃隊長が、ある都市に、軍需工場も、守るべき施設も、重要な軍事施設もないことを正確に知りながらその町の爆撃を拒否したらなら、彼はどうなるだろうか。もし彼が、自分の爆弾はもっぱら女子供を殺すだけなのだと知って拒んだら、どうなるか? 必ずや、彼は軍法会議にかけられるだろう。

にもかかわらず、今、人はその比較を認めようとしない。しかし、私はその二つの状況は比較されうるとの見解に立つ」(同上、三三八頁)。

ナチの殲滅戦争に対決した側もまた、「敵」である日本に対しては赤ん坊、子供、成人、老人にかかわりなく、そこに住むすべての住民を焼き殺し、放射能で殺す原爆投下を良心の呵責もなく実行し、ヴェトナムに催奇形薬品を雨のように浴びせ、そこに住む人間を「石器時代に戻す」と広言した。さらに、ニューヨークへテロをしかけた集団をかくまったという理由だけで、アフガニスタンに、ナチに数十倍する規模で無慈悲な戦争をしかけた。それは、大量殺戮兵器を、「敵」社会を対象に使った実験でもあった。

農耕の出現によって、人間社会の成立軸を破壊する戦争を意識化するサイコパス（精神病質的殺人者）が産み出されたが、産業社会では、「敵」の人間社会そのものを破壊しようと計画するサイコパスが跋扈するようになった。

これは新しい戦争を人間が始めたということなのか？　それとも、別の人間の種が生まれつつあるという予告なのか？

愚行のさ中、それでも生きてゆく

人間の歴史はほぼ二〇万年前に始まった。それから一〇万年の間、人間はアフリカ内部にとどまり、分散的で、断続的な痕跡しか残さなかったが、最終氷河期の始まりとともに、アジア、ヨーロッパ、そしてオセアニアにまで広がり、同時にめざましい文化的発展を見せた。

七万年前の衣類の発明、五万年前の遠洋航海技術の開発、それらとほぼ同時に起こる弓矢、漁労用具の開発、そして殺人用武器の発明と戦争の始まり……。

人間の文明は、道具と武器と装飾品の不断の発展でもある。それは最終氷河期の終わりとともに、温帯圏に農耕、牧畜文明を作り上げ、都市を作り、それから二万年もたたないうちに自然エネルギーに代わる人工エネルギー源による産業革命を実現した。情報革命と原子力文明は、それから五〇〇年もたたない間に、実現されている。

二一世紀に生きる私たちは、その激烈な文明的転換の渦の中で翻弄されて、次の一〇〇年間にどれほどの変化にさらされるのか、と茫然として立ちすくんでいる。

人間の文明は、めまぐるしいほどの速度で、しかも加速度的に変貌を遂げる文明だった。しかも、それは同じように、武器の破壊力と廃棄物の汚染力とを加速度的に拡大する文明でもある。

その背後にある生物的基礎は、星間宇宙系に匹敵する人間の巨大脳の神経細胞群と超複雑系を作る神経突起群の連絡網である。

「こうして、人間社会はますます創造的に、分裂病的になる」（ホロビン、金沢泰子訳、二〇〇二）。


今、私たちは人類史のちょうど中央に立っている。二〇万年間の愚行を見晴らし、次の道を考える視点を持とうとしている。ひとつの生物種の生命はほぼ一〇〇万年だから、成熟した種として次の手立てを考え、探し当てる時間は、残っているはずである。もしも、人間が普通の生物だとしたら……。

人間に残された数十万年が、わが子を殺すほどの悲惨の中に沈むことのないように、次の世代に伝え遺すべき言葉は何なのか？伝え遺すべき知識とは、何か？

誰にとっても、わが子はいとおしい。それほど愛しいわが子を殺すほどの「将来の不安」とはどれほどのものだろうと、その悲しみが胸を刺す。

マダガスカルに生活すれば、ぼろ布にくるんだ赤ん坊を抱く若い女たちの群を見るのは日常である。「彼らにとってもいとおしかろうが、とても満足には育てられまい」と、冷酷に見る自分の目に気づく。それこそは「将にもち来たった不安」である。根はまことに深い。

私たちは、自分たちの文明の及ぼす影響と、その文明が作るゆがんだ空間に、無自覚なのだ。サルの子殺しが、人間による生態系の人為的攪乱の結果であるという事実は、この人間の側の無自覚さへの「壊れた行動」による告発なのである。

しかし、すべてを壊してしまいかねない「将来への不安」はあるとしても、それが人間の大脳の本性に由来することを自覚する科学を組み立てることによって、それを克服する道があるのだと、私は信じている。問題が明らかになったとき、解決のための道の半ばに立っているからである。さらに、この階級制を利用した文明についても、来たるべき世界では「文明」の「悪」を自覚する方法がうまれ、問題を解決する道が開けているのだと思いたい。それは、幻想の学問ではなく、人間の本性にかかわる厳格な科学によってのみ実現されることだと、私は思っている。

生態系の破壊ではなくその保全が、殲滅戦争ではなく協調が、そして「わが子殺し」のない穏やかな家庭が、来るべき社会の基本設計図である。すべての設計図を示すことは私の力量を超えているし、将来の家庭の姿についてもたったひとつのアイデアを持っているにすぎない。それは、日々変貌する人間の赤ん坊に対処する手立てについてである。

成長する赤ん坊は、類例のない巨大脳の機能をまたたく間に発達させ、瞬時に変貌をとげて人間化しようとする別種の生き物である。今日赤ん坊について理解したことが明日にはまったく捨てなくてはならないほど急激に変化する生き物に、未熟な母親たちが対処できないのは当然である。赤ん坊の変貌する実態について事実を蓄積する生物学は、母親たちの負担と「将来への不安」を軽減し、来たるべき社会がいくらか住みよくなるために、役に立つにちがいない。

［資料］

日本の霊長類学と私の道

一九七〇年当時、私たちは日本の霊長類学の転換点に立っていると考えていた。ちょうどその頃、房総丘陵には生態学の各分野の研究者たちが集まっていた。このことを少し詳しく語ることにしよう。

日本霊長類学の転換点

一九七〇年、西田利貞さんが、京都大学から東京大学理学部人類学教室の助手として赴任して来た。

一九六七年に京都大学霊長類研究所が設置され、一九六九年にはその開所式が行われた。この研究所こそが今西錦司さんと伊谷純一郎さんが始めた日本霊長類学の拠点であり、京都大学だけの研究機関ではなく、日本全域、さらには海外からの研究者にも利用できる共同利用研究所だった。

だが、その霊長類研究所の初代の所長となったのは、東京大学人類学教室から移籍した近藤四郎先生（一九一八―二〇〇三）だった。

学生時代の警察への陳情書に始まって、後に述べる今西さん批判事件、財団法人日本野生生物研究センター設立と退職、そして日本アイアイ・ファンド設立と、私は、生涯を通して近藤先生にお世話になった。先生から霊長類研究所設立当初の内密の話をずいぶんと聞いたものである。

今西さんは一九五六年に日本の霊長類学のセンターとなるべき組織、財団法人日本モンキーセンターを立ち上げていた。これは現在も愛知県犬山の地にあって、霊長類研究所と背中合わせの場所で名鉄（名古屋鉄道）の犬山遊園の一角にある。民間資本を背景にする利点と欠点をよく知っていた今西さんは、モンキーセンターを本格的研究機関設立までの過渡的組織と考えていて、国立の専門的な研究機関の設立を急いでいた。その研究機関のトップに近藤先生を置いたのは、霊長類学を創設した伊谷さんにはいろいろな思いもあっただろうが、今西さんの慧眼と言うべきものだった。

近藤先生は先師長谷部言人（一八八二―一九六九。東京大学医学部卒業後、京都大学、新潟医専、東北大学教授

を経て、一九三九年、東京大学理学部に人類学教室を創設）の愛弟子で、全国的な規模での研究機関として霊長類研究所を創設し、確立し、拡充するためには、これ以上にないトップ人事で、設立以来長期にわたって近藤先生が霊長類研究所所長を勤めた理由は、そこにあった。

近藤先生にとっては、この設立はやりがいのあるものだったと共に、非常な苦労だったようで、一九七八年の財団法人日本野生生物研究センター設立時に、先生に理事長をお願いしたところ、「研究所設立当初のあの苦労ばかりは、願い下げにしたい」と断られ、平の理事に留まったほどだった。


このように、京都大学に始まった霊長類学が全国規模の研究機関を擁する時点での西田さんの東京大学赴任だった。一九七一年の正月に伊谷さんのご自宅に私たちが伺ったとき、伊谷さんがとっておきの酒を「出せ、出せ」と奥様に言っていた姿が目に浮かぶ。うれしかったのだろう。

西田さんの最初の学生は、私と四元伸子さん（故人）だったし、西田さんが京都大学へ移るときには、研究生として西田さんの下で博士論文を書いていたから、東京大学が霊長類学の専門家を受け入れていた一九年間の全期間に、私は関係していたことになる。

手のつけようのない乱暴者だった私はともかく、まじめにサルの野外研究を続けてきた学生たちへ、「西田さんが京都大学へ移籍した以上は、東京大学ではサル屋などは面倒を見ない」と宣告した人類学教室の対応は、日本の学問世界の狭さと貧困さをよく表していると言えようか。

もっとも、なにごとにも両面というものがある。立花隆さんの『サル学の現在』を久しぶりに読み返していて、尾本恵一さん（当時、東京大学教授）が学生時代に遺伝学をやろうとして、教授だった長谷部言人から「人類学者が遺伝学をやるとは何ごとか」と叱られたという挿話を知った。尾本さんは、長谷部さんがラマルキストだったというような、あまり好意の感じられない文脈である。近藤先生から伺った話では、学生が来る前から大学に出て講義の準備をし、階段の上で立ちはだかって学生を待っていたという長谷部さんの姿しか思い浮かばないが、学者にありがちな好き嫌いと権威主義はどちらにもつきまとっていたのだと思う。東京大学で霊長類学を学ぶ者たちに決して好感を持たなかった人を『サル学の現在』と題した本の中にわざわざ取り上げたのは、意図的であったかどうか。

こうして、東京大学人類学教室は霊長類学を受け入れず、霊長類学の転換点はアカデミズムの中では実現しなかった。しかし、日本霊長類学の転換を考えた側としては、その学問の系譜を正当に評価したいと思う。その出発点には、今なお共感することが多い。

日本霊長類学の神話時代

日本霊長類学はその起原と草創期の、いわば神話の時代を持っている。それは一九四八年に始まった。太平洋戦争の終戦が一九四五年であることを考えると、戦前から海外各地で調査研究を続けてきた今西さんの敗戦に負けない意気込みが分かる。宮崎県都井岬で半野生馬の調査を始めていた今西さんに、この年から京都大学三回生だった川村俊蔵さん（一九二四―二〇〇三）と伊谷純一郎さんが参加し、その後ニホンザルを見るために宮崎県幸島を訪れた。この小さな集まりを今西さんたちは「Primates Research Group」と名づけたが、その成立の初めから、彼らは国際的な研究活動を意識し、計画していて、ガリ版刷りの報告書を次々と発表した。

一九五〇年の「宮崎県日南海岸に於ける野猿の自然社会について」は、日本霊長類学の最初の報告書とも言うべきもので、その「序」では高らかにその学問の始まりを謳っている。

「野猿の生態学的な比較社会学的な研究は人類の社会と動物の社会をつなぐものとして重要な位置を占めて居る。而も野生の猿を直接観察することにより、その価値がいよいよ深められることは言をまたない」（今西・川村・伊谷、一九五〇a）

同じ年に「大分県高崎山に於けるニホンザルの自然社会」（今西・川村・伊谷、一九五〇b）も出され、一九五二年の七月、幸島のニホンザルが餌づいて幸島野猿公苑が開設され、ニホンザルの研究が世に認められるようになる。

やはり、ガリ版刷りで一九五五年に出された「Primates Research Group」の「野生ニホンザルの野外調査録 1948–1955（1955.21st.Nov.）」によれば、当時のメンバーは以下の十名であり、彼らこそは日本霊長類学の神話時代の神々であり、日本霊長類学の第一世代だった（所属は報告書どおり）。

宮路伝三郎（京都大学理学部動物学教室）、今西錦司（京都大学人文科学研究所）、間直之助（京都大学理学部動物学教室）、川村俊蔵（大阪市立大学理工学部生物学教室）、伊谷純一郎（京都大学理学部動物学教室）、河合雅雄（兵庫農科大学生物学教室）、徳田喜三郎（和歌山大学学芸学部生物学教室）、藤本佳佑（福岡市立動物園）、水原洋城（京都大学理学部動物学教室）、広瀬鎮（実験用サル研究会）。

これらの研究者たちは活発な現地調査と同時に旺盛な研究発表、著作活動も繰り広げた。先頭に立ったのは今西、伊谷両氏で、一九五一年には今西さんが岩波書店から『人間以前の社会』を、伊谷さんは雑誌『自然』誌上に「ニホンザルのコミュニケーション」を発表した（今西、一九五一、伊谷、一九五一）。彼らの活動は一般書としてまとめられ、『日本動物記』全四巻として刊行された。伊谷さんの高崎山のニホンザルの観察は、その第二巻としてまとめられているが、これは第一巻の今西さんによる半野生馬の研究取りまとめよりも早く、一九五四年に出されている。

その「日本動物記案内」において、今西さんは次のように書いている。

「これはわれわれが現地において、汗にまみれ、茨に傷つきつつ、野帳に書きつづけた観察記録そのものであり、それがそのままわれわれの生活記録に通ずるものである。それは科学にして文学なのである。

われわれの望むところは、真実からしぼりとったエキスではなくて、エキスになるまえの真実がお伝えしたいのである。われわれの望むところは、われわれの肉迫によって、真実が一枚一枚とベールを脱いでゆく様子を、お見せしたいのである。ここまでいえば、シートンの『動物記』とわれわれの『日本動物記』とのちがいは、すでに明らかである。『動物記』は純然たる文学作品であったが、『日本動物記』はまた、日本生態学そのものの生きた記録でもあるのだ」（今西、一九五四）。

今西グループの活動は、一種の社会的運動だった。これがどれほど大きな社会的影響を与えたかは、全国の野猿公苑の開設年を見るとよく分かる（にほんざる編集会議、一九七七）。それは、一九五二年の幸島野猿公苑（宮崎県）の開園に始まり、翌年の高崎山自然動物園（大分県）の開園によって一気に全国にひろがった。一九五五年から一九五八年に開園した野猿公苑は一六か所に達した。

これらはいずれも、長い間の餌づけ努力のはてに実現したもので、それぞれの野猿公苑の創設期の神話にもまた、川村、伊谷両氏の名前が刻みこまれている。だが、後に見るように、栄光にはまた影がつきまとうのである。

そして、戦前に天然記念物指定されていた幸島（一九三四年）は例外として、餌づけされたサルを天然記念物に指定し（生息地指定）、文化財としての付加価値をつけて観光資源として売り出すようになった。一九五四年指定の高崎山を皮切りに、一九五六年には高宕山、箕面、臥牛山が続いた。もっとも一九七〇年に天然記念物指定された下北半島のサルは、生息北限地として、これらの地域とは別の扱いになっている。

この怒涛のようなニホンザルの研究と餌づけの波が日本全土に波紋を広げる中で、一九五六年には財団法人日本モンキーセンターが設立され、今西グループの精鋭たちは研究場所を得、翌年から学術雑誌『Primates』が刊行された。当初、この雑誌は和文だったがのちに、アメリカの支援を得て、英文の学術雑誌として、世界最初の霊長類学の雑誌となった。その最初の論文は、もちろん今西さんのものだった（今西、一九五七）。

幸運な日本霊長類学第二世代

今西グループはその始まりから世界を対象にした構想の大きさによって特徴づけられる。自前の組織と学術雑誌を手にした翌年、一九五八年には今西、伊谷両氏によるゴリラ調査隊がアフリカに向けて出発していた（モンキーセンター第一次ゴリラ探検）。実際には、このグループでもっとも早く海外に出たのは川村さんで、その前年、一九五七年にタイ北部でのシロテテナガザルの野外調査に出発していたが、いずれにせよ、ニホンザルの餌づけと野猿公苑の開設、そして独自の手法であるニホンザルの個体識別による研究によって、ニホンザル社会と文化の解明と矢継ぎ早に成果を積み上げたかと思う間もなく、再び怒涛のように海外調査を始めたのである。

しかし、当時の学生はそれほど反応しなかったのだと、西田さんが語ったことがある。創設の十人の神々の時代のあとに続く研究者は、吉場健二さん（一九三五―一九六八）、杉山幸丸さんと、その少し後輩となる一九四〇年前後生まれの西田さんたちの第二世代となる。

海外調査が一足早かったのは杉山さんで、一九六一年には川村さん、吉場さんとともにインドのハヌマンラングールの調査に出発し、子殺しを目撃している。

「京都大学アフリカ類人猿学術調査隊」は、今西さんを隊長とする第一次が一九六一年に出発し、一九六五年の第四次から伊谷さんが隊長となり、西田さんが参加するようになった（西田、一九八一）。日本の霊長類学の第二世代は、学生時代から直ちにアフリカで研究するという幸運に恵まれていたわけで、西田さんのほかに、伊沢紘生さん（モンキーセンター研究員を経て宮城教育大教授）、加納隆至さん（琉球大学教授を経て京都大学霊長類研究所教授）、鈴木晃さん（京都大学霊長類研究所助手）が、この第二世代だった。西田さんはチンパンジーを、加納さんはボノボを、鈴木さんはチンパンジーのあとボルネオのオランウータンを、そして伊沢さんは南米のサルの研究を自ら切り開いてゆく。

一九六六年には、西田さんは、タンザニアのマハレでサトウキビ畑に出るようになったチンパンジーの個体識別に成功した（Nishida, 1968）。

つまり、西田さんが東京大学に行った一九七〇年は、日本霊長類学第二世代がニホンザルという枠を超えて、世界的な霊長類学研究のホープという位置を不動のものにしつつあった時だった。そして、その前年に霊長類研究所が犬山の地に建物を得て活動を始めていた。

だが、実に面白いことに、今西さんはこの状況をそれほど喜んでいなかったように見える。先の『日本動物記』の「案内」で宣言していたように、今西さんは終生、自然科学そのものよりも「科学にして文学」を追求していた。この姿勢は一九七一年の「『日本動物記』の再刊によせて」の中で、もっと明らかになる。

「嘲けることをやめよ、サルの研究といえども、いまに一人前の学問にしてみせるぞ、とその頃のわれわれは気負っていた。モンキーセンターも霊長類研究所も、みなそのために必要だからつくらねばならない、と考えていたのである。かくしてようやく日本のサル学が、堅気な学問の世界に仲間入りすることができたとき、われわれはそこに、わらわれとはいささか精神構造を異にした、われわれの後継者を見いだしたのである。道を誤ったのかもしれない。自然の中に、動物の中に、沈潜する生活と、体制の中の研究所生活とは、やはり、両立しがたいのかもしれない」（今西、一九七一）。

この生涯を貫く求道者としての気迫と狂気とが今西錦司の世界であり、それは確かに大学という公務員の給与生活者の世界ではなかった。

だが、当時の私たちもそうだったが、日本霊長類学の華々しい展開に魅せられて、今西さんの真意を理解する者は、ほとんどいなかった。

房総の自然研究会

東京大学に西田さんが来た波紋はたちまち現れ、農学部から西田さんのもとに通う学生が出た。それが上原重男さん（京都大学霊長類研究所教授）で、彼は東京大学農学部付属演習林研究部の高杉欣一さん（東京大学農学部助手）のもとで植物学を学んでいたが、霊長類学に志して西田さんを頼り、房総丘陵の生態研究グループと西田グループを結びつけたのだった。

一九七〇年四月以来、演習林研究部を事務局として組織され始めていた生態学研究グループ（「房総の自然研究会」）と西田さんを擁する生態人類学研究室の霊長類学の研究グループとが合同するようになった。

この集まりは、植物、土壌、霊長類、哺乳類、鳥類、爬虫類、両生類、魚類、無脊椎動物という生物界の各分野の専門家を網羅したもので、日本生態学会の創設に関係した研究者も多かった。報告書第一報に掲載された研究者は、一一大学五七名にのぼる。

その集まりのなかで、ただの助手の高杉さんが並みいる教授たちに一目を置かれていたことが、このグループの際立った特徴だった。高杉さんには植物学、生態学の学識だけでなく、広い見識と構想力があった。

このグループには、お互いに協力して研究を進めるという雰囲気があり、「房総スカイライン」建設計画が明らかになったときには、たちまち一致して反対に回った（もっとも、この時「自然保護運動など」と背を向けた有名な動物研究者たちもいて、のちに彼らが自然保護を唱えたときに、私たちが白い目で見たのには理由がある。それが誰とは言わないが、自身は常に安全圏にいて時流に乗ることだけは上手な人はいつもいる）。

房総スカイライン建設反対運動とその余波

「房総スカイライン」建設反対運動は、やはり西田さんから始まった。一九七〇年のある日、石射太郎から高宕山への尾根道を歩いている時、西田さんは棒杭を引き抜いて蹴っ飛ばし、谷に放りこんでいた。

「何をしているんですか？」

と、私たちは聞いた。

「この尾根筋を『房総スカイライン』という有料道路を作る計画がある。まったくとんでもない計画やで。これがその測量のための杭や。少しでも計画を遅らせるために、杭をぬいとるのや。君らも少し手伝え」。

私たちはそんなことをしても建設を遅らせることはできないこと、もっと広くアピールして反対運動を起こす必要があると忠告した。彼はこういう時、まったくナイーブな人だった。

「それもそうやな。君はその面では、経験者やからな。忠告を聞こうか」。

そして、運動が始まった。西田さんは朝日新聞に投書し、それが一九七〇年十一月一日に掲載されて、反響が広がっていった。

その当時、千葉県がすすめていた「房総スカイライン」の計画は、東京湾側の鹿野山から南へ尾根をたどって石射太郎、高宕山を通り、房総丘陵の主稜線に出ると東へむかい、元清澄山付近で東京大学演習林を突きぬけ、外房の海に出るというものだった。天然記念物指定地域はむろんのこと、県立公園、水源涵養保安林、鳥獣保護区などなどを縦横に切り刻む道路建設計画だった（岩本・小畠編、一九七二）。

抗議の輪は広がった。「千葉県生物学会」など四団体、「木更津みちくさ会」、「千葉県山岳連盟」、「陸上生態系グループ」は「房総スカイライン」のコース変更を要望し、京都大学霊長類研究所有志（代表川村俊蔵）も東京大学農学部付属演習林長も知事に申し入れを行った。

一九七一年八月六日の「第二回房総スカイライン問題審議会」では、審議委員だった川村さんが「ルート変更案」を出し、これが大問題になった。川村さんの案について、「房総の自然を守る会・研究者グループ」は、九月四日付けで以下の抗議書が提出した。

「〃ルート変更案〃は、天然記念物サル生息指定地域の北〜東縁をぎりぎりに道を迂回させるもので……既に国の認可がおり、公社を発足させた以上、かなりのリスクをおかしても」、千葉県は川村案によって「ていさいだけの道を作ろうと必死になっています」と。

こう書いていても、高宕山に続く尾根道をすたすたと歩いて行く川村さんの姿が思い浮かぶ。すでに泉下の川村さんをなじる気持ちは、まったくない。彼は困難をきわめた高宕山のサルの餌づけに献身し、その後もときどき山に現れては、私たち学生たちを励まして行った。そもそも、私たちの研究の霊長類研究所における対応者は川村さんだったのである。

しかし、当時野猿公苑は観光資源として成り立たなくなっていて、サルの餌づけは続けられない状態になっていた。増え続けるサルにともなって、被害もまた広がり、難しい問題が表面化していた。川村さんや伊谷さんの世代は、ニホンザルの研究、餌づけ、観光開発が一体化し、行政と手を携えてやって行けた幸運な時期だったが、その時代はすでに去っていた。私たちの目の前には、自然破壊とニホンザルの被害問題がしだいに大きく立ちはだかっていた。わが日本霊長類学第一世代は、この点についての認識が甘かった。

「木更津みちくさ会」のほか「千葉県生物学会」や「千葉県山岳連盟」や「むしろの会」など一四団体と有志が集って、九月二六日に「房総の自然を守る会」が結成された。

そして十月二八日、千葉県知事は毎日新聞の取材に「房総スカイライン」の道路計画を白紙に戻し、根本的に変更すると答えた。年末の千葉県議会でも、県知事はルートの変更を行うことを明言し、高宕山、元清澄山を通るスカイライン計画は破産した。

これは当時の自然保護運動では例外的な勝利とも言えるが、内実は国の天然記念物指定地域や東京大学演習林を突きぬける道路計画なので、国から承認される見通しがなかったためにルートを変更しただけとも言える。

地元富津市の住民は、道路建設をはばんだと見たニホンザルを捕獲する申請を一九七二年一月に出した。しかし、反対運動の側も、「房総スカイライン」建設計画が自滅したも同然だったので、勢いがあった。三月には捕獲されたサルの檻に深夜忍び込んで扉を開け、サルを逃がしてしまう学生も現れた（誰とは言わないが、ずいぶんな乱暴者だった）。また、サルの保護を実現するためにも実態を知る必要があるとして、房総丘陵全域のニホンザルの調査計画が立てられ、さらに房総を対象にした自然博物館が構想されるようになった。

一九七四年には、房総の自然研究会の中から石射太郎の尾根の北にあった君津市台倉の農家を借りて博物館構想を実現しようとする学生たちが現れ、展示物はまわりの自然と称する「房総自然博物館」運動が始まった（初代館長は、渡辺隆一さん）。

一九八九年には、「房総の自然研究会」の重鎮だった沼田眞（一九一七―二〇〇一）さんを初代館長として

「千葉県中央博物館」が設置された。すでに一九六五年に、千葉県生物学会と千葉県地学教育研究会による自然史博物館設置の要望書が出されており、沼田さんは「自然史博物館をわが国に」という彼の生涯の夢の一端をこうしてかなえたのだった。むろん、私たちは資料の収集や展示などにずいぶんと協力したのである。

さて、房総丘陵全域のサルの調査はどうして実現したのか？

「利根川を泳ぎ渡るのに、川の半ばで渡ったことにしたら、溺れるだけだぜ」

房総丘陵全域のニホンザルの分布を調べる必要はあったが、保護運動に端を発した調査活動など、大学の研究予算が得られるはずもなかった。だがその時、高杉さんが動いた。

彼は、房総スカイライン問題ではニホンザルの生息地が焦点になったが、房総丘陵のどこからどこまでニホンザルがいるのかはっきりしないという点に不満を持っていた。

「理学部的研究というものがあってね。三年も研究生活をするといっぱしの研究者だと思いこんでしまうのだよ。そこで適当にデータをでっちあげて、論文でもできるようになれば、もう一人前、俺ほどの学者もいないだろうと思うわけだ。

君たちの調査は元清澄山と高宕山の二点に分かれていて、それぞれのサルの群れがどれほどの広がりを持っているのか、調べていないじゃないか？　二つの地域のサルの分布がつながっているのか、いないのかも分からない。これでは、事実の外枠がしっかり摑めたとは言えないだろう」。

私たちは高杉さんの指摘はもっともだけれど、なにしろ山は広いし、サルの群れはあちこちにいるから、全部を調べるのは難しいのだと、抗弁した。なにしろ、元清澄山の周りでは、一日三回違う群れに出会うのだから、このあたりだけでも五群を同時に追跡すると十人もの調査員が必要になる。

「しかし、房総丘陵のどこからどこまで、何群のサルがいるのか、分からないのでは、適当に論文を作るのならともかく、ニホンザルの生態を明らかにしたとは言えないだろう。利根川を泳ぎわたるのに、川の半ばでわたったことにしたら、溺れるだけだぜ。サルの分布を調べることが不可能だと言うことなら、また別だがね」。

不可能ではない、と私たちは答えた。ただ、人数もお金もかかる。

「じゃあ、こう考えてくれ。金も人員も無尽蔵だと。そこで完全な調査計画を立ててくれ」。

聞いている私たちは、一瞬あっけにとられ、愕然とした。

奔走した結果、東京大学農学部付属演習林と霊長類研究所が予算を出して、房総丘陵全域のニホンザルの分布調査が、一九七二年に実現した。

それはまた、新しい霊長類学の出発点だと私たちは感じていた。この調査は、霊長類研究所長の近藤さん自身が「私もフィールド・ワーカーですから、テントに泊っても参加します」と言ったほどの熱気の中で行われた。所長みずからが参加するというのだから、霊長類研究所とその関係の研究者も参加しないわけにはいかなかった。「房総の自然を守る会」からも参加者が集まった。関東地域の生態学研究室のある大学へは、それぞれ勧誘員が派遣された。しかし、当時である。学生運動の集会と間違えて、教室の壇上で大演説をする者も現れたのである（誰だとは言わないが）。

一九七二年三月と十一月に行われた分布調査には、サルの研究者が全国から集まり、三〇〇人以上が参集して実現し、房総丘陵のニホンザルの分布域と群れ数三三群余の全容を明らかにした（房総丘陵ニホンザル調査隊、一九七二、一九七三）。

雑誌『にほんざる』

この調査に集まったサルの研究者たちの多くは、霊長類研究所の共同利用研究員でもあり、彼らが中心になってこの同じ年に「ニホンザルの現況」研究会を組織した。

一九七四年には、この集まりの中でももっとも活動的なメンバーが高杉さんを核として析出して、雑誌『にほんざる』編集会議が作られた。彼らを日本霊長類学の第三世代と呼ぶことができよう。

京都では伊谷さんに会って、雑誌『にほんざる』の発刊の計画を話したが、彼は強硬に反対した。

「君たちの業績をまとめたいのなら、一冊の本にして出すべきだ。定期か不定期か知らないが、雑誌の形で出し続けるというのは、並たいていの労力ではない。そういう余計なことに労力を使わずに、研究に専念することが必要だと、ぼくは思うよ」。

伊谷さんが私に直接否定的な忠告をしたのは、この時と天然記念物の管理のためにサルの被害防止を文化庁から引き受けた時だった。伊谷さんは「サルには勝てないよ」と言い、被害防止などの事業を研究者は引き受けるものではないと言った。

今にして思えば、伊谷さんの忠告はもっともだった。だが、第三世代の一部は私を含めて、その学者として避けるべき余計なことにどんどん首をつっこんでしまうのだった。

ニホンザルの現況研究会では、房総ニホンザル調査隊に刺激されたこともあり、ニホンザルの分布というまったく基礎的なこと自体がよく分かっていないという現状が問題にのぼり、その全国的な資料を集め始めていた。

このとき、実に幸運な発見があった。長谷部さんが東北大学時代に集めたニホンザルの分布調査の資料が、東京大学人類学教室でみつかったのである。それは大正十二（一九二三）年のもので、当時の教室主任渡辺直経さんと近藤先生に勧められて、私が整理することになった（岩野、一九七四）。

それまでに行われていた農林省の岸田久吉、モンキーセンターの竹下完両氏の調査結果（それぞれ一九五三年、一九六三年）に比べると、長谷部資料の完成度は高かった。長谷部さんによって、ニホンザルの全体像がはっきりと浮かびあがったと言ってもいい。

このニホンザルの分布とその調査について、その後の経過をかいつまんで話しておこう。房総丘陵ニホンザル調査隊が開発した調査方式（区画法）を、東京農工大学自然保護教室が注目した。彼らは日光でシカの調査を行っていて、同じ方式がシカでも利用できないかと考えていたのである。いくつかの予備的な調査を行ったうえで、全国の大学、研究機関のメンバーを糾合した哺乳類分布調査科研グループが形成され、数年をかけて中大型哺乳類の分布調査方式を開発し、全国調査が行われた（哺乳類分布調査科研グループ、一九七九）。

この調査方式を環境庁が採用して、一九七八年に行われた第二回の「みどりの国勢調査」（自然環境保全基礎調査）の一環として動物分布調査が行われた。この結果はいくつかの調査報告書にまとめられ、最終的には環境庁が一九八二年に刊行した「日本の自然環境」の中で公開された（岩野、一九八二）。このフルカラーの大型本の刊行に至って、私としてはようやく長谷部さんへの義理を果たした。

しかし、分布調査はこれほどに多大の労力と時間を費やすとはいえ、霊長類学の一分野にしかすぎない。本論はここからである。

「テキストブック・オブ・ニホンザル」は、まだか?

高杉さんは私たちに出会ったときから、「サル学の教科書はないのか?」と聞いた。

「たとえばね、植物学には牧野富太郎の『新日本植物図鑑』とか、解剖学なら藤田恒太郎の『人体解剖学』とかが、あるでしょう。日本の霊長類学のそういう教科書はどこにあるの?」。

学術論文はたくさんあり、今西さん、伊谷さんも本をたくさん書いているが、その当時まとまったものはなかった。私たちが推薦できるのは、河合さんの『ニホンザルの生態』(河合、一九六三)だった。私たちはこの本を隅から隅まで読んだ。しかし、納得できなかった。たとえば、こういうところである。

「泊り場あるいはねぐらは、おびただしい糞が散乱しているので、すぐそれと分かる。……群れは普通いくつかの泊り場をもち、そこを中心にして行動する。この行動型は季節の天候などによって左右される」(同上、一八頁)。

おびただしい糞が散乱している場所は房総丘陵にはなかったし、はっきりした泊り場は確認できなかった。もしも河合さんが書いているとおりだったら、野生のサルの追跡はどれほど楽だったろうか。

「行動型は季節の天候などによって左右される」というが、そのあとに続くのは白山での冬季の話で、しかも岩棚にフンが板のような層になっているという一例報告だけである。

「この元データはどうなっているんだ?」

と高杉さんは言った。

「あ、その点についてはですね、河合さん自身がこう言っています。『石炭箱何杯もではかられるようなフィールド・ノートの巨大な蓄積から、今後おそるべき成果が生まれてくることだけは断言できよう』(同上、二九一頁)と」

「だから、どこにその石炭箱があるんだよ」

「それは秘密でしょう」

「それはおかしいじゃないか。自然科学をやろうというのに、データを秘密にするやつがどこの世界にいるんだ。

この白山の季節的変化という図の原資料はどうなっているんだ？　一年を六つの生息場所に分けると言うからには、それなりに数年間の追跡資料というものがあるはずだろう。それが原論文だろう。君たちはその原論文を知らないのか？」

「いや、その原論文自体にこの図しかないわけで……」、
と植物生態学者への説明に霊長類生態学徒として難渋した。

同心円構造の説明もまた、まったく納得できなかった。

「順位制社会の社会構造」と題された写真（同上、四四頁）では、幸島の浜辺にいるサルたちを二重の白い楕円で囲んで見せて「中心部と周縁部に分かつ二重構造が明瞭である」とわざわざ説明しているが、浜辺にサルの餌があるはずもなく、サルたちの坐っている位置は、撒かれた餌の場所でしかない。三戸さんが「写真家たちは、同心円構造をはっきりさせるために、餌を同心円に撒いてくれと言う人もいる」と笑っていたことを思い出す。

このままでは日本霊長類学は成り立たない。まずは、原資料を集めよう。そこからもう一度霊長類学を始めよう。私たちは、そう決心した。

それは一九七四年三月九日の夜のことで、

「せいぜいよくて大学院生か中途半端な職、悪くするとまったくの無職という、現在の状態も不安定なら、将来の展望も暗い、若者と言うにはやや歳をくった、サルに憑かれた者共が、犬山にある霊長類研究所の一室に、学会のパーティーの酒肴を盗み出して、集まって例によって騒いでいた」

と私は記録している。この夜、私たちは自前の雑誌を出そう、その名前を雑誌『にほんざる』にしようと決めたのだった。その時のメンバーは、二四人だった。

にほんざる宣言

「いろいろな動機からニホンザルにかかわりをもちはじめたこれらの人々が、全て共通の疑問を抱くようになった。ニホンザル『社会』についての山ほどの深遠な考察に比して、ニホンザルの『生活と実態』についての資料はあまりに乏しいではないか。『サル学』20年というが、いったいニホンザルの何について理解しえたといえるのだろう。……

一九七〇年代に生じた疑問への結論はこうであった。つまり、具体的には、基礎資料がまともに集められていないこと。ある現象を確定するに足る完結性をもった記載がなされていないこと。……

何のことはない。研究の対象も、方法も、位置づけも確立しておらず、研究費も、研究者の身分保証も、研究施設も、何もかも整っていないということではないか!

この結論を得たからには、何をなすべきかは単純である。『社会』と『経済』を知っている人なら、どちらがどちらに規定されているかは明白なように、ニホンザルの『社会』の現象は(もし確定された現象があればの話だが)、ニホンザルの『生態学』の資料と原理で説明しなおされるべきものである。だから、まず、生態学的基礎資料を徹底的に集積することである。全国の餌場、野猿公園でも正確な観察記録がつけられるようにし、それらを蓄積保存することである。埋もれている資料を発掘することである。収集すべき資料の範囲は生態学にとどまらず、形態、生理、遺骨、その他諸々、ニホンザルの生物学をおおうものにしよう。

第二は、それらの資料を、誰もが利用しうる形で掲載・発表・保存しうる場を確保することである。これがなかったために、いかに多くの資料が、こじんまりした体裁のよい論文の犠牲になってきたことか。

第三は、我々自身が、観察し、資料を集め、研究するための、場所と資金を確保することである。

〈雑誌『にほんざる』の刊行は、自然そのものから問題を引き出し、自然から答えを得、自然に照らして答えを確かめるという方法、つまり、断片的につかまれた現象から発せられた問いかけが、ついには現象の全体を確定してゆき、確定された現象は、次の問いかけの礎石となってゆく、そういう自然への切り込みの方法を日本に確立するための運動であることを、ここに宣言する。〉」

この「にほんざる宣言」を書いた増井憲一さんは、横浜市立大学に在籍中から箱根湯河原でニホンザルの研究を始め、当時京都大学の大学院にいた。彼の研究者人生は、雑誌『にほんざる』にかかわったために狂ったかも知れない。彼はその後国際協力事業団専門家としてチンパンジーの生息地マハレ山塊に派遣されたが、大学に席をおかず「自然の会」代表として活躍中である。

今西批判事件

増井さんの書いた「にほんざる宣言」は、今読みかえして見ると、今西さんの立場に驚くほど近い。雑誌『にほんざる』に集まった研究者たちは、おおかれ少なかれ今西ファンであって、彼の著作を読んでニホンザルの研究を志していた。高杉さんにしても、今西さんの方向に疑問を持ちながらも、その活動力を高く評価していたことは確かだった。しかし、私は今西さんを評価せず、一文を科学雑誌に投稿した。

月刊誌『自然』に掲載された「新しいサル学を目指して」という一文（岩野、一九七五）は、今西さんの目に止まり、これが大問題となった。

「昨夕、近藤先生、鈴木晃さん、高杉さんと四者会談。〝自然〟の文章の件で今西錦司さんが霊長類研究所の運営会議で大荒れしたとのこと。近藤先生は私の文章は非常に失礼であると息まき、来年以降の研究費ストップをほのめかす。こちらはまったく感じず、高杉さん、鈴木さんとも全面弁護。近藤先生はまったく困って、『考えてきます』を繰りかえしつつ帰る」（一九七五年五月十二日付け日記）。

近藤先生が困ったのは、雑誌『にほんざる』の総帥として高杉さんが、岩野に形だけでも謝れと言ってくれると思ったあてがはずれたためだった。高杉さんは近藤先生に平然と言った。

「革命には血が流れるのが常ですから」。

私たちにとっては、雑誌『にほんざる』の出発は、革命だった。私にとっては、娑婆に残された時間がなくなっているという切迫感があり、遺書を残すようなつもりはあった。それにしても、若気の至りとは言いながら、以下の文章は確かにひどい。それをよく弁護してくれたものだと、今ではそちらに感心する。

「その挙句は、たとえば今西錦司氏が、サルの群れによって社会構成が異なるのは個性のユニークさみたいなものだ、と得得と語るような、つまり人間もいろいろあるようにサルにもいろいろあるということだという一般通俗人生訓が、20年かけたサル学の結論となる」（岩野、一九七五、一〇九頁）。

この文章はたしかにひどい。ただ、そうとでも言わなくてはっきりさせられないものがあった。ニホンザルの本格的な野外研究は、房総丘陵だけでなく、長野県志賀高原や下北半島、福岡県香原岳そして屋久島にまで広がった。ニホンザルの分布域の全域をおおう調査体制をもったのだと言ってよい。その中心に雑誌『にほんざる』に集まった面々がいた。だが、この活動はいわゆる「論文」は生み出さなかった。今西さんの「科学にして文学」と同じように、そもそも、現在の大学での研究の枠内に入りきらないのである。

財団法人日本野生生物研究センターと自然史の将来

ここでまた、伊谷さんが忠告した、学者としてなすべきことではなかったかもしれない横道へそれることになる。イリオモテヤマネコの研究者安間繁樹さん（石垣島の中学校教諭を経て、当時東京大学農学部大学院学生）と協力して、その論文を雑誌『にほんざる』第二号に掲載しただけでなかった。一九七五年にイリオモテヤマネコの世界初の映像を撮影し、その余勢を駆って（これぱっかりだなあ）、翌年には「日本野生生物研究会」をたちあげ、一九七八年には財団法人日本野生生物研究センターを設立した。会長は元環境庁長官の大石武一さん（一九〇九―二〇〇三）だった。

この財団の目的は、自然史学の確立を謳った。その設立パンフレットに言う。

「ちょうど黒船が日本にやってきた時代にシーボルトが日本に来て、日本の動物相の調査を行いました。以来1世紀、黒船よりも巨大な船はいくらでも造られていますが、シーボルトの『ファウナ・ヤポニカ』（日本動物誌）は、いまだに越えられていません」。

かくて、事態はその必然の流れによって、伊谷さんが忠告した学者としてなすべき道から大きく離れていった。しかも、その財団の事業では、少なくとも初期の間には、天然記念物の被害防止事業が大きな比重を持ってきたのである。

伊谷さんが忠告した「サルにはかなわない」はずの事業を始め、続けたことには理由があった。全国のニホンザルの餌場は、一九六三年、河内遊園地お猿の国（広島県）を皮切りに、一九七六年の長瀞野猿公苑（埼玉県）、高宕山野猿公苑（千葉県君津市）に至るまで一二か所が閉鎖された（にほんざる編集会議、一九七七）。

このうち、天然記念物に指定されていた高宕山と臥牛山のふたつの餌場の閉鎖には、私は直接に立会ってきた。観光業者、地元、行政、保護運動、研究の利害が絡み合う中での、収拾策を探すことは非常に難しいことで、幾度、天を仰いで、「第一世代は気楽だったなあ」と思ったことか。それは、第一世代が遺した負の遺産でもあった。その始末の一部は、日本霊長類学第三世代がつけたのである。

自分たちが設立したとはいえ、財団法人日本野生生物研究センターが行政の下にあって、野生の動物の研究調査にかかわるという機能を持っているからには、この錯綜した問題へ関わることは、万やむをえないことだった。そして、文化庁にも環境庁にも、生態調査の重要性を知っていて、積極的に支援してくれる人たちもいたのだから、これは普通ではできない長期の広域のデータを収集するという機会でもあった。しかし、残念なことに、行政のシステムでは体系的な調査は望むべくもなく、調査主体の側にはそれを超えて体系化する余力がなかった。

先に述べたように、近藤先生はこの財団の設立にもっとも寄与されたが、理事長は固辞された。この財団は、房総の自然研究会と雑誌『にほんざる』編集会議が力を合わせて設立したという面があるが、近藤先生が少し距離を置いたことで、組織の性格は大きく変った。高杉さんは、しばらく理事として運営を見ていたが、あまりにリスクが大きく、研究は不可能であることを知って理事を辞職した。そして、私も設立から一〇年後に財団を辞めた。私の頭の中には、日本霊長類学第一世代のひとり、水原洋城さんの言葉が反響していた。

一九七八年のある日、財団の設立を準備していた頃、設立準備委員会事務所に水原さんが突然現れた。彼は事務局長をしていた私に忠告した。

「君の活動は尊いものだと思うが、仕事は友達とやるものだ。君の活動力だけを利用しようとする者がいる。それは君の友達ではない。何度も言う。仕事は友達とやるものだ。ぼくはそれだけを忠告したいと思ってきた」。

私は三十代のすべてをかけた財団設立とその運営から去るときに、この日本霊長類学第一世代の神々の一人からの言葉を心に刻んでいた。「これからの人生、友達以外とは仕事はしないぞ」と。


なぜ、日本の自然史研究がこういう状態になるのか、ということについて、ワニ研究の権威、青木良輔さんは次のように書いている(青木、二〇〇一)。

「ナチュラル・ヒストリーの重要な要素は『冥界性』あるいは『異界性』といった禍々しさにある。(中略)日本の博物館は単なる社会教育施設なのでふつうの人には退屈なばかりだが、それは爬虫類と禍々しさの欠如が原因なのだろう。おそらく、欧米のミュージアムはある種の宗教施設であるといってよい。つまりは、政治的なシンボルですらあるに違いない」(同上、二三〇頁)。

「禍々しさ」については、私には理解できないが、たぶんそこには私の理解を超えた深い思索があるのだと思う。欧米では、博物館は「ある種の宗教施設」、「政治的シンボル」という青木さんのとらえ方は、言いえて妙だった。

雑誌『にほんざる』には英文の要約があり、図表の説明が英文だったので欧米の研究者にも役立つかと、大英博物館自然史には全巻を送った。第五巻を送って一年後、編集部あてに哺乳類部門の司書から手紙が届いた。

「雑誌『にほんざる』は第一巻から第五巻まで頂いたが、第六巻はまだ来ていない。もしも、刊行されているなら、寄贈されたい」。

編集部の残党は「すみません」と手紙を書いた。もう、力は尽きていた。それにしても、と私たちは驚いた。極東の名もない雑誌さえ、自然史に関わると思えば完全に集めようとする、大英帝国とそこにすむ専門家たちのその執念に。こういう人がいなければ、収集作業はできない。それは社会伝統であり、文化である。残念なことに、この性格は、日本人には個人的にはあっても社会的にはいまだにない。

なべてわが国の博物館の展示の質の高さは社会教育施設として申し分のないものだと、思う。そして、これをその地域の集中教育施設として、わが国の教育体系の中に組みこむことができれば、その社会的意味は大きくなるだろう。それが、日本で自然史博物館が展開されるひとつの方向だろう。しかし、それはひとつの方向であり、自然史は遥かに広く、深い。

自然史の成立のためには、情報とともに現物が必要である。収集し、保存し、公開する組織と施設が必要である。なによりも、そのことに情熱を持ち続ける個人が必要になる。それには、厖大な資金が必要になる。日本では、その個人の役割が軽視されすぎている。個人の業績の評価基準がないからである。

アメリカ合衆国を代表するスミソニアン博物館は、国会議事堂とホワイトハウスをむすぶ鍵形の大きな公園の両サイドに建設されている。この位置は、青木さんの言うように、宗教的な、政治的なシンボルである。しかし、この博物館群に個人の名前が冠されているように、そもそもの発端は個人の資金だった。個人の活動の集積を歴史的に蓄積することなしには、社会的な文化伝統は確立しない。さて、日本にその日は来るのだろうか?

「テキストブック・オブ・ザ・ニホンザルは、まだか? ファウナ・ヤポニカは、まだか?」。

おわりに

空が広い。雲と青空の世界の視界を遮るものはない。刻々と姿を変え、過ぎてゆく雲には決して同じ形はない。そこには、ただ宇宙の鼓動がある。南半球のマダガスカル高地の雲である。その清浄さは、ほとんど畏敬の気持ちを抱かせるほどだ。

庭に出て、ラミーの木の芽を見つめていた。ラミーは、幹の先から丸められた小さな葉の群を、むくむくとわき出すように芽吹く。陽射しを浴びてトンボが群れ、その特有の分厚い羽音を耳元でたてては飛びすぎていく。

ラミーの木の隣りにはモモの木の葉が茂り、たった一つの実がその緑の葉群の中で陽光を浴びて透明に見えるほど、真っ赤にうれていた。そのモモの実は、見ている間に枝を離れ、地面に落ちて音を立てた。

風もなく、鳥も揺らさず、ただ熟しきった瞬間に、それは落ちた。

それは、衝撃だった。

長い年月、心のうちにあって育てられてきた着想は、ゆっくりと時をえて実り、そして熟しきった瞬間に日の光を浴びながら落ちて行く。その刹那、私は両手をさしのべて、しっかりとそれをつかむ。そのように、私はこの本を得た。

三〇年間の日本とマダガスカルでのサルの研究がなければ、この本の基本構想は生まれなかった。しかし、それだけでは、この本は生まれなかった。マダガスカルに六年間住んだことで、そして今なお一年の何か月かは住むことで、私はサルと人の社会をそれまでとまったく別の視点でとらえるようになった。マダガスカルでの生活は、「生命というものは、人間というものはここまでいろいろで、別々であり、こうまでそれぞれに違うものなのだ」という事実を、私の感覚の中に刻み込んだ。

それは自分の中に果てない淵をのぞき込むような深い感覚で、そこから「お前の天職はこういうことだ」と、ささやき続けるなにものかが現れたのだった。


しかし、それでもなおこの本を仕上げるまでの道のりは長かった。まず、「日本サル社会学」との訣別があった。今西さんの重い課題があった。「子殺し」という主題に向き合う重苦しさがあった。自分が掘り起こしたものながら、思いがけない事実に出会って愕然とすることが何度も続いた。いくども難題の壁にぶちあたり、通過不能と見える坂道を越えなければならなかった。

この難題の山坂をなんとか歩きとおして来たと言えるなら、それは編集に携わっていただいた大修館書店の志村英雄さんのおかげである。志村さんは、この本のアイデアの段階から私を励まし続け、繰り返して横道にそれる私にそれとなく必須の人物群、重要な書物群を与えて本題への針路を示し、ようやく峠を越えたと思うと新しい課題を与えて、私が安易な解決に至ることを許さなかった。編集者としてもそれは命を削るような仕事だったのではないか、と私は思う。この本はそういう意味で、二人三脚によってようやくできあがった。ご自身の定年の時期をまたぎ、編集の鬼と化して、精魂を込めてこの本のとりまとめにあたってくださった志村さんに心からお礼を申し述べたい。

西田利貞さんには、直接に関係することの多い「日本の霊長類学と私の道」について叱正を頂いた。最初に高宕山に連れていってもらって以来、つねにご迷惑をかけるだけであることを、この場を借りてお詫びもうしあげたい。むろん、高杉欣一さんにも原稿を見ていただきたかったが、生涯助手のまま退官して、今なお「一度、腰が抜けるまで話そう」と言われる方である。本書の完成をもって第一次の報告にかえさせていただくことで、お許しを請う次第である。

高宕山、屋久島、臥牛山でのニホンザルの調査では、実にたくさんの方のお世話になった。一九七〇年に始まる房総の自然研究会、房総の自然を守る会、屋久島調査隊、雑誌『にほんざる―日本の自然と日本人』編集会議、房総自然博物館、財団法人日本野生生物研究センター、一九八〇年以来の高宕山と臥牛山の天然記念物調査団でお世話になった方々の名前はあげつくせない。失礼のほどはお許し願いたい。

しかし、敢えて一人にだけは特にお礼を申し上げたい。すでに故人となられた君津市植畑の高梨正之さんである。彼は、石射太郎の餌場の小屋に私たちを快く迎えてくれた。その穏やかな語り口は、今でも私の心に残っている。子供の頃に連れていってもらった高宕山の森の深かったこと、モミの木の大きかったこと、台風で木更津に来ていたサーカスのシロクマが川に流されて、あっぷあっぷしていたこと。雨の一日、囲炉裏のそばで大正から昭和初期の昔話は尽きず、私は「今昔物語」を聞いている気持ちになった。

マダガスカルでは、TBSの動物番組「わくわく動物ランド」と「動物奇想天外」のメンバー、国際協力事業団と日本大使館の方々、マダガスカル日本人会の皆さん、マダガスカル国高等教育省チンバザザ動植物公園の皆さん、マダガスカルアイアイ・ファンドの皆さんに、公私共にお世話になった。ここでの生活も一九八三年以来二〇年を越えるので、お世話になった方々の名前はあげつくすことができないほど多くなった。
去年亡くなられた前チンバザザ動植物公園園長のアルベール・ランドリアンザフィさんには、心から感謝の意を表し、追悼を送りたい。彼とは一九九二年以来、いっしょに働いてきたが、これほど聡明で、公平で、献身的な人はいなかった。公園設立七五周年と選挙が重なり、義務感に支えられた献身的な活動のために発病し、長い闘病の末に若くして亡くなったことは、実にくやしく心残りなことだった。彼とともに始めたアンジアマンギラーナ監視森林の保護の仕事を、これから継続することでその遺志を継ぎたいと思う。

サルの行列図版は、元絵を漫画家の佐藤純子さんに描いていただき、㈱アイオスの大津一美さんにアレンジしていただいた。引用した写真については、多くの方々の協力を得た。ボスザル「フミオ」の写真は千葉県の勝浦北中学校の池田文隆さんから、オランウータンの写真は日橋こずえさんのご紹介で大島公園動物園の高橋孝太郎さんから、ゴリラの写真は大津一美さんが㈱アイオスの撮影したビデオから複製して、ニホンザルの木ゆすりの写真は千葉県富津市在住の直井洋司さんのご紹介で織本知之さんから、ハヌマンラングールは北九州市到津の森公園の延吉紀奉さんから、ボノボとハダカデバネズミの写真は、到津の森公園の岩野俊郎さんの紹介で、上野動物公園の小宮輝之さんから、それぞれ貸していただいた。コザルのタイゾウの写真は、すでに廃刊になったある雑誌に掲載されたもので、写真家吉田勝美さんの名前を頼りに探したけれど、ついに直接会うことができなかった。もしもこの本をご覧になられたら、ぜひご一報ください。

最後に、いつものこととは言いながら、夜中に起きだしては原稿を書いては睡眠を妨げても文句ひとつ言わず、文献収集を手伝ってくれた妻節子と、孫の玉井彩夏ちゃんとその母親佳代さんに感謝を捧げたい。彼女たちこそは、生後直後から三歳に至るまでの日々変化する赤ん坊の発達とその母親と祖母との複雑微妙な関係について、重大な示唆を与えつづけてくれた。観察しているジジイは厭味だったろうが。

和文引用文献

■ここには、紙幅の制約から和文の引用文献のみを収めたが、欧文の引用文献に関しては、日本アイアイ・ファンドホームページ（http://www.ayeaye-fund.jp/）および、大修館書店ホームページ（http://www.taishukan.co.jp/）で見ることができます。ご参照ください。

A

青木良輔、二〇〇一、『ワニと龍、恐竜になれなかった動物の話』、平凡社新書〇九一、東京、二三九頁。

B

房総丘陵ニホンザル調査隊、一九七二、『房総丘陵におけるニホンザル野生群の分布Ⅰ　一九七二年春季一斉調査報告』、東京大学農学部演習林、京都大学霊長類研究所。
房総丘陵ニホンザル調査隊（文責岩野泰三）、一九七三、「房総丘陵におけるニホンザル野生群の分布Ⅱ　一九七二年秋季一誠調査報告（予報）」、房総の自然研究会・東京大学農学部演習林編、『房総丘陵清澄山・高宕山地域の自然とその人為による影響』、一―一二。

D

ダーウィン、C、堀信夫訳、一九五八、『種の起源（上下）』、槇書店、東京、上巻三五八頁、下巻三九二頁。

ダーウィン、C、池田次郎・伊谷純一郎訳、一九六七、『世界の名著三九　ダーウィン、人類の起原』、中央公論社、東京、五七四頁。

F

藤田村治、一九七四、『野猿対談あか猿筆』、二六二頁。

フォッシー、D、羽田節子・山下恵子訳、二〇〇二、『霧の中のゴリラ、マウンテンゴリラとの一三年』、平凡社、東京、四五三頁。

福田史夫、一九九二、『箱根山のサル』、晶文社、東京、二九四頁。

G

グドール、J.、杉山幸丸・松沢哲郎訳、一九九〇、『野生チンパンジーの世界』、ミネルヴァ書房、京都、六三七頁。

グドール、J.、高崎和美・高崎浩幸・伊谷純一郎訳、一九九四、『心の窓、チンパンジーとの三〇年』、どうぶつ社、東京、四二九頁。

グドール、J.&バーマン、F.、上野圭一訳、二〇〇〇、『森の旅人』、角川書店、東京、三三九頁。

H
ヘス、R.、片岡啓治訳、一九九九、『アウシュビッツ収容所』、講談社学術文庫一三九三、講談社、東京、四六〇頁。
哺乳類分布調査科研グループ（文責：古林賢恒、岩野泰三、丸山直樹）、一九七九、「カモシカ・シカ・ヒグマ・ツキノワグマ・ニホンザル・イノシシの全国分布ならびに被害分布」、『生物科学』三一(二)：九六―一一二。
ホロビン、D.、金沢泰子訳、二〇〇二、『天才と分裂病の進化論』、新潮社、東京、二九五頁。

I
市野進一郎、二〇〇〇、「ワオキツネザルに子殺しはあるか?」、『霊長類研究』一六(三)：二五九。

今泉吉典、一九八八、『世界哺乳類和名辞典』、平凡社、東京、九八〇頁。

今西錦司、一九四〇、「動物の社会」、あきつ二：九三―一一六（再録、一九七二、『動物の社会』、七―三四頁、思索社、東京）。

今西錦司、一九四九、『生物社会の論理』、毎日新聞社、東京、二五六頁（一九五八、『復刻版　生物社会の論理』、思索社、東京、二八九頁）。

今西錦司、一九五一、『人間以前の社会』、岩波書店、東京（一九七二、『動物の社会』所収、一三八―二四一頁、思索社、東京）。

今西錦司、一九五四、「日本動物記案内」、今西錦司編、『日本動物記、第二巻、高崎山のサル』、光文社、東京。

今西錦司、一九五七、「ニホンザルの研究の現状と課題―とくにアイデンティフィケーションの問題について」、*Primates* *1*(1): 1-29.

今西錦司、一九七一、「『日本動物記』の再刊によせて」、今西錦司編『日本動物記、第二巻、高崎山のサル』、二八四―二八五頁、思索社、東京。

今西錦司・川村俊蔵・伊谷純一郎、一九五〇a　mimeo.、「宮崎県日南海岸に於ける野猿の自然社会について」、一三

和文引用文献

頁。

今西錦司・川村俊蔵・伊谷純一郎、一九五〇b mimeo.、「大分県高崎山に於けるニホンザルの自然社会」、一三頁。

伊谷純一郎、一九五一、「ニホンザルのコミュニケーション」、『自然』六(一〇)：四五―四九。

伊谷純一郎、一九五四、『高崎山のサル』、今西錦司編「日本動物記」第二巻、光文社、東京（再刊、一九七一、思索社、東京、二八五頁）。

伊谷純一郎、一九七二、『霊長類の社会構造、生態学講座二〇』、共立出版、東京。

伊谷純一郎、一九八七、『霊長類社会の進化』、平凡社・自然叢書三、平凡社、東京、三五四頁。

岩野泰三、一九七四、「ニホンザルの分布」、『にほんざる―日本の自然と日本人』一：五―六二。

岩野泰三、一九七五、「新しいサル学を目指して―雑誌『にほんざる』発刊にあたって―」、『自然』五月号、一〇九―一一〇頁。

岩野泰三、一九八二、「日本の哺乳類」、環境庁自然保護局編、『日本の自然環境』、四三―四八頁、大蔵省印刷局、東京。

岩野泰三、一九八三、「ヤクシマザルの社会生態的研究（一九七三〜一九七六年）：まとめと考察」、『にほんざる―日本の自然と日本人』五：八六―九五。

岩野泰三・福田史夫・山本雄一郎、一九八〇、『昭和五五・五六年度天然記念物「高宕山のサル生息地」のサルによる被害防止事業―被害防止のための追い上げ試験―報告』、天然記念物「高宕山のサル生息地」のサルによる被害防止事業調査団（団長沼田眞）、千葉県富津市・君津市、一一二頁。

岩野泰三・福田史夫、一九八八、「臥牛山自然動物園で観察されたアカンボウ殺しについて」、高梁市教育委員会・「臥牛山のサル生息地」調査団、『昭和六二年度天然記念物「臥牛山の猿生息地」のニホンザル保護・管理調査報告書』、六一―七四頁。

岩本光雄、一九八五―一九八九、「サルの分類名」、『霊長類研究』一：四五―五四、二：七六―八八、三：五九―六七、三：一一九―一二六、四：一三四―一四四、五：七五―八〇、五：一二九―一四一。

岩本久美子・小畠裕子編、一九七二、『房総の自然を守るために―房総スカイライン建設反対に関する資料』、九六頁。

伊沢紘生・今井幸七・棚橋篤、一九七一、「最北限のサルたちは無事冬を越せるだろうか—除草剤散布後の冬季追跡調査報告」、一、二。『モンキー』一一七：六—一一、一一九—六—一三。

K

加納隆至、一九八六、『最後の類人猿、ピグミーチンパンジーの行動と生態』、どうぶつ社、東京、三〇〇頁。

河合雅雄、岩本光雄、吉場健二、一九六八、『世界のサル』、毎日新聞社、東京、二五三頁。

河合雅雄、一九六四、『ニホンザルの生態』、河出書房、東京（一九六九、『ニホンザルの生態』〈改訂版〉、河出書房新社、東京、三〇〇頁）。

河合雅雄、一九九二、『人間の由来［下］』、小学館、東京、四三八頁。

川村俊蔵・伊谷純一郎、一九五二 mimeo、『屋久島のシカとサル、I　屋久島におけるニホンジカの研究第一報II。ヤクシマザルの自然社会第一報』、二九頁。

M

増井憲一、一九七九、「霊長類の個体群研究」、人類学講座編集委員会編『人類学講座一一　人口』、一七五—二九八頁。雄山閣、東京。

三戸サツエ、一九七四、「雑誌『にほんざる』発刊にあたって」、『にほんざる—日本の自然と日本人』一：一九三。

三戸サツエ、一九七一、『幸島のサル』、ポプラ社（再刊、一九九六、鉱脈社、宮崎、三五〇頁）。

モーガン、L・H、古代史研究会訳、一九九〇、『アメリカ先住民のすまい』、岩波文庫白二〇四—三、岩波書店、東京、四二一＋一九頁。

N

中川尚史・岡本暁子、二〇〇三、ヴァン・シャイックの社会生態学モデル：積み重ねてきたものと積み残されてきたもの、『霊長類研究』一九：二四三—二六四。

にほんざる編集会議、一九七四、ニホンザルで発見された「共食い」—箱根天照山野猿公園、一九七四年八月、『にほんざる』一：一二三—一二九。

にほんざる編集会議、一九七七、「全国野猿公苑一覧」、『にほんざる—日本の自然と日本人』三：一〇九—一一二。

にほんざる編集会議、一九八三、『にほんざる—日本の自然と日本人』五「特集ヤクシマザルの生態学的、社会学的研究」、日本野生生物研究センター、東京、一〇六頁。

西田利貞、一九八一、『野生チンパンジー観察記』、中公新書六一八、中央公論社、東京、二七四頁。

西田利貞、二〇〇二a、「人口動態」、西田利貞、上原重男、川中健二編、『マハレのチンパンジー、〈パンスポロジー〉の三十七年間』、一七一—二〇二頁、京都大学出版会、京都。

西田利貞、二〇〇二b、「マハレ調査小史」、西田利貞・上原重男・川中健二編、『マハレのチンパンジー〈パンスポロジーの三十七年間〉』、五—二八頁、京都大学出版会、京都。

西田利貞、上原重男、川中健二編、二〇〇二、『マハレのチンパンジー、〈パンスポロジー〉の三十七年間』、京都大学出版会、京都、六〇〇頁。

S

佐原真、二〇〇三、『魏志倭人伝の考古学』、岩波現代文庫学術一〇六、岩波書店、東京、四〇〇頁。

シャラー、G・B、小原秀雄訳、一九六六、『ゴリラの季節〈野生ゴリラとの六〇〇日〉』、早川書房、東京、三二〇頁。

島泰三、一九九〇、「臥牛山群の個体数と構成および餌量—昭和三五年から平成八年まで—」、高梁市教育委員会・

「臥牛山のサル生息地」調査団編、『平成七年度天然記念物「臥牛山のサル生息地」のニホンザル保護・管理調査総合報告書』、三五―五九頁。

島泰三、一九九五、「房総丘陵のニホンザルの生態―高宕山第一群（T―I群）を中心に―」、千葉県生物学会編、『千葉県動物誌』一一四一―一一七一頁。

島泰三、二〇〇三、『親指はなぜ太いのか』、中公新書一七〇九、中央公論新社、東京、二七六頁。

島泰三、二〇〇四、『裸の起原』、木楽舍、東京。

相馬貴代、二〇〇二、「チャイロキツネザルによるワオキツネザルのアカンボウの捕食―マダガスカル・ベレンティ保護区における事例」、『霊長類研究』一八(三)：三八三。

杉山幸丸、一九八〇、『子殺しの行動学―霊長類社会の維持機構を探る―』、北斗出版、東京、二三一頁。

杉山幸丸、一九九三、『子殺しの行動学』、講談社学術文庫一〇五七、講談社、東京、三〇二頁。

鈴木晃、一九六六、「サバンナのチンパンジー、V　広く歩いて」、『モンキー』九一：八―一六。

鈴木晃、二〇〇三、『オランウータンの不思議社会』、岩波ジュニア新書四四八、岩波書店、東京、二一六頁。

T

立花隆、一九九一、『サル学の現在』、平凡社、東京、七一四頁／［文庫版］文藝春秋（一九九六）。

田中二郎、一九九〇、『ブッシュマン、生態人類学的研究、新装版』、思索社、東京、二一四＋vi頁。

常田英士、一九七六、「1970年長野県地獄谷野猿公苑におけるカボのアカンボ殺し」、『にほんざる―日本の自然と日本人』二：一二四―一二八。

U

上原重男、一九八一、「チンパンジーの社会構造の再検討」、『アフリカ研究』二〇：一五―三二。

W

渡辺仁、一九八一、「竪穴住居の体系的分類、食物採集民の住居生態学的研究（I）」、『北方文化研究』一四：一―一〇八。

渡辺仁、一九八六、「狩猟採集民集落平面形の体系的分類―社会生態学的・進化的研究―」、『国立民族学博物館研究報告』一一（二）：四八九―五四一。

ウィルソン、E・O、伊藤嘉昭監修、一九八三―一九八五、『社会生物学』一―五、思索社、東京、一三四一頁。

Y

山極寿一、一九九三、『ゴリラとヒトの間』、講談社現代新書一一五六、講談社、東京、二一七頁。

好広眞一・常田英士、一九七六、「志賀高原のニホンザル　I　横湯川流域におけるオスザルの離群と加群（その一）」、『にほんざる―日本の自然と日本人』二：一―五〇。

唯圓房、梅原眞隆訳注、一九五四、『歎異鈔』、角川文庫八二一、東京、一〇六頁。

も

や

ゆ

よ

ら

り

れ

ろ

わ

欧文

へ

ほ

ま

み

む

め

ち

て

と

な

に

す

せ

そ

た

こ

さ

し

か

き

く

け

あ

い

う

え

お

索　引

[著者紹介]
島　泰三（しま　たいぞう）

1946年、山口県下関市生まれ、下関西高、東京大学理学部人類学教室卒業。房総自然博物館館長、雑誌『にほんざる』編集長、財団法人日本野生生物研究センター主任研究員、天然記念物ニホンザルの生息地保護管理調査団（高宕山、臥牛山）主任調査員、国際協力事業団マダガスカル国派遣専門家を経て、現在日本アイアイ・ファンド代表。
京都大学理学博士、マダガスカル国第五等勲位「シュバリエ」
著書　『どくとるアイアイと謎の島マダガスカル』（上・下）八月書館
『アイアイの謎』どうぶつ社
『親指はなぜ太いのか』中公新書
『なぞのサル　アイアイ　たくさんの不思議 2004年1月号』福音館
『はだかの起源』木楽舎
論文　「ニホンザルの分布」『にほんざる No.1』
「房総丘陵のニホンザルの生態」『千葉県動物誌』
Feeding behavior of the aye-aye on nuts of ramy. *Folia primatologica*
An ecological and behavioral study of the aye-aye. *African study monogaraphs*
など
URL　http://www.ayeaye-fund.jp/

サルの社会《しゃかい》とヒトの社会《しゃかい》―子殺《こごろ》しを防《ふせ》ぐ社会構造《しゃかいこうぞう》―

NDC 489　322p　20cm

初版第1刷発行―2004年7月1日

著　者――――島《しま》　泰三《たいぞう》
発行者――――鈴木一行
発行所――――株式会社大修館書店
〒101-8466 東京都千代田区神田錦町3-24
電話 03-3295-6231(販売部)　03-3294-2355(編集部)
振替 00190-7-40504
[出版情報] http://www.taishukan.co.jp

装丁者――――山崎　登
印刷所――――壮光舎印刷
製本所――――関山製本社

ISBN 4-469-21288-1　Printed in Japan